动物王国的世界冠军

吉林出版集团
北方妇女儿童出版社

图书在版编目（CIP）数据

动物王国的世界冠军 / 李慕南, 姜忠喆主编. —长春: 北方妇女儿童出版社, 2012.5（2021.4重印）

（青少年爱科学. 我与科学有个约会）

ISBN 978 - 7 - 5385 - 6302 - 3

Ⅰ. ①动… Ⅱ. ①李… ②姜… Ⅲ. ①动物 - 青年读物②动物 - 少年读物 Ⅳ. ①Q95 - 49

中国版本图书馆 CIP 数据核字（2012）第 061662 号

动物王国的世界冠军

出 版 人	李文学
主　　编	李慕南　姜忠喆
责任编辑	赵　凯
装帧设计	王　萍
出版发行	北方妇女儿童出版社
地　　址	长春市人民大街 4646 号 邮编 130021
	电话 0431 - 85662027
印　　刷	北京海德伟业印务有限公司
开　　本	690mm × 960mm　1/16
印　　张	12
字　　数	198 千字
版　　次	2012 年 5 月第 1 版
印　　次	2021 年 4 月第 2 次印刷
书　　号	ISBN 978 - 7 - 5385 - 6302 - 3
定　　价	27.80 元

前　言

科学是人类进步的第一推动力,而科学知识的普及则是实现这一推动力的必由之路。在新的时代,社会的进步、科技的发展、人们生活水平的不断提高,为我们青少年的科普教育提供了新的契机。抓住这个契机,大力普及科学知识,传播科学精神,提高青少年的科学素质,是我们全社会的重要课题。

一、丛书宗旨

普及科学知识,拓宽阅读视野,激发探索精神,培养科学热情。

科学教育,是提高青少年素质的重要因素,是现代教育的核心,这不仅能使青少年获得生活和未来所需的知识与技能,更重要的是能使青少年获得科学思想、科学精神、科学态度及科学方法的熏陶和培养。

科学教育,让广大青少年树立这样一个牢固的信念:科学总是在寻求、发现和了解世界的新现象,研究和掌握新规律,它是创造性的,它又是在不懈地追求真理,需要我们不断地努力奋斗。

在新的世纪,随着高科技领域新技术的不断发展,为我们的科普教育提供了一个广阔的天地。纵观人类文明史的发展,科学技术的每一次重大突破,都会引起生产力的深刻变革和人类社会的巨大进步。随着科学技术日益渗透于经济发展和社会生活的各个领域,成为推动现代社会发展的最活跃因素,并且成为现代社会进步的决定性力量。发达国家经济的增长点、现代化的战争、通讯传媒事业的日益发达,处处都体现出高科技的威力,同时也迅速地改变着人们的传统观念,使得人们对于科学知识充满了强烈渴求。

基于以上原因,我们组织编写了这套《青少年爱科学》。

《青少年爱科学》从不同视角,多侧面、多层次、全方位地介绍了科普各领域的基础知识,具有很强的系统性、知识性,能够启迪思考,增加知识和开阔视野,激发青少年读者关心世界和热爱科学,培养青少年的探索和创新精神,让青少年读者不仅能够看到科学研究的轨迹与前沿,更能激发青少年读者的科学热情。

二、本辑综述

《青少年爱科学》拟定分为多辑陆续分批推出,此为第一辑《我与科学有个约会》,以“约会科学,认识科学”为立足点,共分为 10 册,分别为:

三、本书简介

本册《动物王国的世界冠军》收录了有着各种特殊之处的动物，一一展现它们的特点和风采，在这里可以领略它们的奇特本领，唤起人们心目中保护动物的高尚情感。我们期待着人们能够建立起与动物和谐共处的亲密关系！从体形巨大的蓝鲸到眼睛大如篮球的鱿鱼，从大高个长颈鹿到小不点跳高明星——跳蚤，从振翅如电扇的蜂鸟到神速的秃鹫，哪些动物最大、跳得最远、游得最快？……答案一定会让你大吃一惊。它们在千万年的进化中成功胜出，用自己特有的本领向世界昭示着它们的存在。它们是世界上最棒的运动员，也是跑得最快、飞得最高、潜得最深的代言者，不仅让人们感到惊奇，也让全世界为之骄傲。本书从几个不同的方面展示了水、陆、空等各种动物的奇妙景象，题材广泛，知识丰富；图文并茂，生动幽默。动物世界，千姿百态；生存之道，各有绝招。动物世界中许许多多鲜为人知的奥妙等待我们去揭开，让我们去寻找一些奇特的世界纪录保持者的动物吧！

本套丛书将科学与知识结合起来，大到天文地理，小到生活琐事，都能告诉我们一个科学的道理，具有很强的可读性、启发性和知识性，是我们广大读者了解科技、增长知识、开阔视野、提高素质、激发探索和启迪智慧的良好科普读物，也是各级图书馆珍藏的最佳版本。

本丛书编纂出版，得到许多领导同志和前辈的关怀支持。同时，我们在编写过程中还程度不同地参阅吸收了有关方面提供的资料。在此，谨向所有关心和支持本书出版的领导、同志一并表示谢意。

由于时间短、经验少，本书在编写等方面可能有不足和错误，衷心希望各界读者批评指正。

本书编委会
2012 年 4 月

目　　录

二、动物之谜

一、动物之最

跑得最快的动物

在有关猫科动物的传说中，猎豹无疑是最为神奇的一种。一是因为它被大大夸张了的鬼魅似的速度，二是它嗜血的狂热和猛烈。随着时间的推延，构成为人们经验认识的猎豹，与它的真实形态发生了大尺度的挪移，猎豹就像是依靠几种猛兽的绝对暴力而组合出来的。

猎豹追捕猎物时每小时能跑110公里，是动物中跑得最快的。

猎豹是肉食的猫科动物，以鹿类、羚羊为猎物。鹿类、羚羊等动物拼命跑时，每小时不超过70公里，因此很快就会被捉住。但是，如果距离不是很短，猎豹就坚持不住最快的速度，所以它尽力捕捉近处的猎物。

猎豹外形似豹，但身材比豹瘦削，四肢细长，趾爪较直，不像猫科动物那样能将爪全部缩进。体长120～130厘米，体重约30公斤；尾长约76厘米；肩高75厘米，头小而圆；全身淡黄并杂有许多小黑点。现分布于非洲。栖息于有丛林或疏林的干燥地区，平时独居，仅在交配季节成对，也有由母豹带领4～5只幼豹的群体。母豹1胎产2～5仔，寿命约15年。

猎豹除以高速追击的方式进行捕食外，也采取伏击方法，隐匿在草丛或灌木丛中，待猎物接近时突然窜出猎取。

飞奔的猎豹

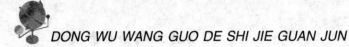

猎豹只产于非洲和西南亚，目前我们只是在叙利亚、土耳其的一些偏远河谷里偶尔还能见到它们划破空气的身影。一个世纪前，亚洲的猎豹从阿拉伯半岛东部经过伊朗进入印度。在 12 世纪时，猎豹就被抓获训练用以狩猎瞪羚作为一种皇室的高级消遣。据说古印度的一个国王拥有 9000 只猎豹。而最后的印度猎豹在 1947 年被射杀。后来，这个物种也从其他国家陆续消失了。

猎豹是惟一不能将爪完全缩回的猫科动物，也就是说，猎豹是惟一无法上树的异物。这种攀爬技能的失却在于它的脚趾接近狗爪，就像一个收敛的君子，并不时时需要剑拔弩张。但修长的四肢却像一个吸引地力的容器，在它打开四肢丈量大地的时候，我们就发现它无法上树的损失已经被无穷的脚力完全弥补了。它不会缩回的脚爪和特别粗糙的脚掌大大增加了抓地能力，硬而长的尾巴达到 80 公分，宛如一个质地良好的风舵，极大地保持了奔跑时的重心平衡并控制着急弯造成的离心力。种种造物的绝妙设计令猎豹成为陆地上跑得最快的动物。奔跑时猎豹同时只有一足触地，中间有段时候还会四肢离地，就像一头不满土地的羁绊、准备起飞的怪兽。它尽情在自己的梦想世界作直线切割，然后在陆地与飞翔之间寻找最佳的着力点，当它用头骨撞倒猎物后，就用门齿切入猎物的喉咙。

严格地说，猎豹应该称之为印度豹，英文名亦源自北印度语的 chita，就是"有斑点的"意思。它流线的外形显得轻盈，加之脊椎骨十分柔软，每当它伫立时，它的腰身曲线轮廓就像是一尊青铜作品。因此，每当猎豹文静地伫立之时，它展现出来的美学轮廓尽管是冰山之一角，但已足够我们摄取和分析。

猎豹具有亡命的追逐天性。它们可以长时间滴水不喝，甚至在最酷热的季节，四五天不沾水也是常事，忍受饥渴构成了一种受虐的天性。但身体的呼吸系统在达到时速 110 公里以上时会出现虚脱症状，犹如风箱在超负荷运转，身体无法把囤积的热量大面积排出。所以猎豹只能短跑约几百米，之后便自动减速，以免因过热而死。这种奔跑是很伤元气的，猎豹即使捕获了猎物，却已无力进食，它必须休息一阵。这是猎豹最为脆弱的时刻，猎物容易被老虎、狮子、狼抢走，甚至还有性命之忧。

最擅长长跑的动物

藏羚羊具有特别善奔跑的优点，奔跑速度可达每小时 70 ~ 110 公里，即使是妊娠期满临产的雌藏羚，也会以很快的速度疾奔，它还是高原严酷环境下奔跑最快的动物。以下是它的一些资料。

藏羚羊又叫藏羚、长角羊，属偶蹄目牛科藏羚属。

肩高：80 ~ 85 厘米（雄）70 ~ 75 厘米（雌）。

体重：35 ~ 40 公斤（雄）24 ~ 28 公斤（雌）。

毛色：雄羊黄褐色到灰色，腹部白色，额面和四条腿有醒目黑斑记，雌羊纯黄褐，腹部白色。

角长：成年雄性 50 ~ 60 厘米（雌性无角）。

寿命：一般不超过 8 岁。

习性：集成十几到上千只不等的种群，生活在海拔四、五公里的高山草原、草甸和高寒荒漠上。夏季雌性沿固定路线向北迁徙，6 ~ 7 月产仔之后返回越冬地与雄羊合群，11 ~ 12 月交配。有少数种群不迁徙。

分布：只限青藏高原，以羌塘为中心，南至拉萨以北，北至昆仑山，东至西藏昌都地区北部和青海西南部，西至中印边界，偶尔有少数由此流入印度境内拉达克。

数量：少于 75000 只（1999 年估计）

保护级别：国家一级保护动物。

自然保护区：为了保护藏羚羊和其他青藏高原特有的珍稀动物，国家于 1983 年成立阿尔金山国家级自然保护区，1992 年，成立羌塘自然保护区，1995 年成立可可西里省级自然保护区，1997 年底上升为国家级自然保护区。

成群的藏羚羊

藏羚羊是我国特有物种，它的羊绒比金子还贵重，是国家一级保护动物。也是列入《濒危野生动植物种国际贸易公约》（CITES）中严禁进行贸易活动的濒危动物。藏羚羊一般体长135厘米，肩高80厘米，体重达45～60公斤。形体健壮，头行宽长，吻部粗壮。雄性角长而直，乌黑发亮，雌性无角。鼻部宽阔略隆起，尾短，四肢强健而匀称。全身除脸颊、四肢下部以及尾外，其余各处体毛丰厚绒密，通体淡褐色。

它们生活于青藏高原88万平方公里的广袤地域内，栖息在4000～5300米的高原荒漠、冰原冻土地带及湖泊沼泽周围，藏北羌塘、青海可可西里以及新疆阿尔金山一带令人类望而生畏的生命禁区。那尽是些不毛之地，植被稀疏，只能生长针茅草、苔藓和地衣之类的低等植物，而这些却是藏羚羊赖以生存的美味佳肴；那里湖泊虽多，但绝大部分是咸水湖。藏羚羊成为偶蹄类动物中的佼佼者，不仅体形优美、性格刚强、动作敏捷，而且耐高寒、抗缺氧。

藏羚羊生性怯懦机警，听觉和视觉发达，常出没在人迹罕至的地方，极难接近，有长距离迁移现象。平时雌雄分群活动，一般2～6只或10余只结成小群，或数百只以上大群。食物以禾本科和莎草科植物为主。发情期为冬末春初，雄性间有激烈的争雌现象，1只雄羊可带领几只雌羊组成一个家庭，6～8月份产仔，每胎1仔。

1986年在西藏、新疆、青海三省藏羚羊栖息地，平均每平方公里有3～5头。到20世纪90年代初，平均每平方公里仅存0.2头。近年来，藏羚羊已濒临灭绝，然而偷猎者的枪声仍然不时作响。

陆地上最大的动物

在海洋中生活的蓝鲸长达 30 米，是现今最大的动物。但象是当今在陆地上生活的最大动物。在陆地生活的大型动物，还有长颈鹿，身长约 4 米，高可达 5.8 米，但除去脖子，就只有 3.3 米了。另一种大型动物是犀牛，身长 3.75 米，高 2.25 米，也比不上大象。

大象是生活在陆地上最大的哺乳动物。有两种典型的象——非洲象和亚洲象。非洲象有着大大的、松软的耳朵，主要居住在非洲草原，而亚洲象的耳朵要小些，主要分布在印度、斯里兰卡、泰国、缅甸和我国云南等地。

大象的食量很大，一头成年大象一天大约需吃 300 公斤的食物。它们主要以树叶、果实、树枝、竹子等为主食。大象有着很大的力气，能轻而易举地推倒大树。因此，即使是最凶猛的狮子，有时也怕它三分。象的智慧很高，会使用人类听不懂的声音互相联络，现在已知的有 5 种。天气炎热时，象的两片大耳朵用来当作扇子来散热。生气时，大象也会张开耳朵愤怒地舞动。象牙不但是摄取食物的工具，也是和敌人战斗时的武器。象鼻子的嗅觉非常灵敏。鼻子没有骨骼，是由强壮的肌肉组成，非常有力。鼻子的前端很灵活，可以握住细小的东西。象脚的前脚为 4 趾，后脚为 3 趾（亚洲象前脚为 5 趾，后脚为 4 趾）。跷脚时，脚后跟就成了肉垫。

亚洲大象很大，一头足足有一台"解放牌"汽车重。但是，它在世界陆地上还不是最大的动物。那么，世

亚洲象

界陆地上最大的动物是谁呢？是非洲大象。

一头非洲雄性大象，长到 15 岁左右的时候，它的身长就达到了 8 米以上；身高达到 4 米上下，体重达到 7 至 8 吨。有记录的一只最大的公象，于 1955 年 11 月 13 日在安哥拉的麦柯索西北方遭射杀。这只死象侧躺在地上，勾画出的轮廓，从肩的最高点至脚底，长度为 3.95 米，这表示它站立时的高度一定有近 3.7 米。从鼻端至尾端约有 10 米长，而最大的体围为 5.9 米。体重估计为 10 吨以上。1959 年 3 月 6 日，这只象的标本放在华盛顿斯密生博物馆的圆台上展出。

非洲大象同亚洲大象相比，不仅尺寸大、身体重，而且不论雄象、雌象都生长象牙；耳朵既大也圆；睡觉的姿势，不像亚洲象站着睡，而是卧下睡。不然，它不能安然地进入梦乡。非洲大象出生以后，哺乳期大约为两年的时间；长到 12 岁至 15 岁时，才是"婚配"的年龄；24 岁至 26 岁时才停止长个。

在陆地上的哺乳动物中，大象的怀孕期是比较长的，一年半至两年才能生下小象。这小象一落地，就有 1 米高，200 斤重。在自然界里，象的繁殖率

非洲大象

比较低，大约要相隔五、六年的时间才生育一次。它们能活多长时间呢？在正常的情况下，其寿命可达 60 岁，有的可活到 100 岁的高龄。

非洲大象，喜欢群居。一般是 20～30 头为一群，多者可达百头。这些大象生活在一起，活动有一定的范围，有一定的路线，不乱跑乱走；出去找食，一般是在早、晚时间。它们活动的时候，为了保护幼象，排成长长的大队：成年的雄象走在前头，任领队；幼象走在中间；成年的母象走在队伍的后头。在陆地上的哺乳动物中，大象的嗅觉也是最灵敏的，可以与犬相比。但是，它比犬聪明，能帮助人类做很多很多的事，比如，运输物资，看小孩，守门，陪同主人出猎；还能在马戏团、杂技团里当敲鼓、吹号、杂耍"演员"。

非洲象的耳朵很大。雌、雄象都长有两个很长的大牙，雄象大牙有 3 米多长，100 公斤重。象鼻能够捕卷食物，也作为攻击和自卫的武器，有时为了保护幼象免受敌害，母象常用鼻子卷起幼象逃跑。一些蚊蝇、小虫常要在大象身上打扰，靠一根短小的尾巴甩来甩去，蚊蝇根本不在乎，所以大象还需用自己的鼻子去赶散虫子。象鼻的卷力大得惊人，足以拔起一棵很大的树。

据资料记载，大象还有它们自己的"坟墓"。当一头老象快死亡的时候，一些年壮的象，就把它搀扶到"墓地"。老象见到"墓地"，便悲哀地倒下去。这时，它的后代用巨大、锋利、有力的牙，挖出一个庞大的墓坡，把老象的尸体埋葬过坟墓里，之后洒泪而去。

世界上最大的动物

　　蓝鲸，好像只能用"巨大"这个词来形容，它是地球上最大的动物。一头成年蓝鲸的身长可达 30 米，体重超过 150 吨，有一架波音喷气式飞机那么大。它的心脏大得像一辆小轿车，舌头上可以同时站立 50 个人。当它浮出水面呼吸时，喷出的水柱至少有 9 米高。

　　蓝鲸的最大体长为 33 米，体重 190 吨。从一条长 27.2 米、重 122 吨的蓝鲸身上，可以获得鲸肉 55 吨，鲸油 25 吨，鲸骨 22.5 吨，舌头 3 吨，肠 1.6 吨，肝 950 公斤，肺 1500 公斤，肾 500 公斤，胃 400 公斤，其他 10 吨。单是

蓝鲸

鲸肉一项，就抵得上 800 头肥猪，若用载重 5 吨的卡车拉，需 20 多辆。

身大力不亏，蓝鲸的力量也是绝无仅有的。一头大鲸的功率可达 1700 马力，可与一辆火车头的力量相媲美。它能将功率为 800 马力的船在倒开的情况下，以每小时 4～7 海里的速度拉上几个小时。它们以大海为家，不畏两极之严寒，不惧赤道之酷暑，往返穿梭于各大洋中。

蓝鲸

鲸是如何呼吸的呢？鲸是哺乳动物而不是鱼，它们没有鳃，是用肺来呼吸的。鲸的"鼻孔"叫做喷水孔，都长在头顶上。有些鲸只有一个喷水孔，而另一些鲸，例如蓝鲸，则有两个喷水孔。和人类不同，鲸类呼吸是"随意"的。就是说，它们可以自主选择什么时候进行呼吸。这一点对鲸类十分重要，因为它们无法在水下呼吸，每隔几分钟就要浮出水面一次，喷出气水混合物，再吸入新鲜空气。

鲸和人类一样，也有肚脐。它们像所有哺乳动物那样生儿育女，哺育幼崽。肚脐是脐带留下的印记。像所有鲸类一样，蓝鲸是热血动物，用乳汁哺育小鲸。蓝鲸的乳汁，据说味道很像鱼、肝、氧化镁乳液和蓖麻油的混合物，听起来不怎么样吧，可对于鲸宝宝，妈妈的乳汁却是美味而又营养的。一头鲸宝宝每天要吃 190 升乳汁。等到鲸宝宝长到六个月时，它们就可以捕食磷虾之类的小动物了。

虽然蓝鲸是世界上最大的动物，它们的主食却是比自己小一千倍的磷虾。为了获得足够的能量，一头成年的蓝鲸，一天要吃掉四千万只磷虾，大约有 4—6 吨重。为了填饱肚子，蓝鲸总是张开大嘴，一口吞进 50 吨的海水，然后迫使海水通过一个形如梳子的栅版，将水过滤出去，留下可口的磷虾。这个巨大的栅板叫做鲸须。鲸须的质地跟人类的指甲差不多。

所有的鲸类都有惊人的适应能力，这对于它们在海洋里的生存非常有益。

鲸类可不会像人类那样睡眠。如果真的睡了，它们就会被淹死。通常，它们只是在洋面附近打几个盹，就算睡过觉了。鲸的身体里有厚厚的鲸脂层，因此，即使在寒冷的水域中，也能保持身体的温暖。

人类已经获得了不少有关鲸的知识，而且每天都有更多的新发现。不过，仍然有些问题，至今没有答案。我们知道蓝鲸常常从觅食的极地水域，迁移到气候温和的温暖水域，并在那里生儿育女。可是，没有人确切地知道，蓝鲸究竟是如何走完这么长的路程的。或许它们具有识别地球磁场的能力，以此作为自己的导航系统。也可能它们用眼睛来认路，不过蓝鲸的视力可不怎么好。一些科学家提出，蓝鲸可能是利用声音来感知周围的地形，因为它们总是发出非常响亮的声音。它们发出声音，声波碰到障碍物后折回，蓝鲸接收到返回的声波，准确地判断方向或发现目标。这种确定方位的方法叫做回声定位。

也有人认为，蓝鲸的歌声是用来与其他鲸类进行交流或寻求伴侣的。如果有一天，你在海上，有幸听到一种奇妙的"喀哒"声，别忘了，那正是鲸的歌声。

世界上最大的老虎

虎原本有8个亚种：东北虎、华南虎、孟加拉虎、南亚虎、苏门虎、爪哇虎、里海虎、巴厘虎。上世纪30年代，巴厘虎率先灭绝；60年代，里海虎也绝种；70年代，最后一只爪哇虎又在地球上消失了。不到50年，先后3个虎种和这个世界告别。

东北虎也称西伯利亚虎，为世界濒危物种，主要分布在我国东北部和俄罗斯的西伯利亚地区。由于我国此前过量砍伐森林，使东北虎赖以生存的生态环境遭到严重破坏，种群数量急剧减少。据国际联合调查小组最近一次野外探查显示，我国野生东北虎数量已不足20只。

东北虎是世界上稀有的珍贵动物，也是最大的老虎。属肉食目，猫科。它个子高大，身躯雄伟。一般成龄虎身长1.5～2.5米，头圆、耳短、嘴方阔，四肢粗壮，尾长3尺左右。毛色深浅不同，背毛为金黄色或棕黄色，腹毛为白色，周身布满黑色斑纹，额头上的花纹呈"王"字，号称"兽中王"。体重一般200多公斤，最大体重可达300公斤。2～3年生育一次，多在冬季交配，怀孕100多天，每胎3～4只。由于它有一张色彩艳丽的毛皮，在世界虎类中是出类拔萃的。

长白山和兴安岭一带是东北虎的生活区。它居于深山老林之中，没有固定的洞穴，多昼伏夜出，性凶猛。它的主食是各种肉类动物，最喜欢吃野猪。野猪是一种凶猛而善于奔跑的野兽，论赛跑，东北虎不是野猪的对手，往往是甘拜下风。因此东北虎要捕食野猪，只有偷偷地接近野猪，然后乘其不备。突然猛扑过去，常常是野猪来不及防御而成了东北虎的口中食。因此，常常出现这样的现象：当东北虎发现野猪之后，总是偷跟在后面，野猪走到哪能里，它就跟到哪里。在没有绝对把握时，它总是不动声色地跟在野猪群后面，好像一个勤勤恳恳的猪倌似的。因此山里人给它起了个雅号叫"猪倌"。

东北虎还吃鹿、狍子、山羊等其他动物。在长白山所有动物中，它是最凶猛、最厉害的。各种动物都怕它，对它敬而远之。因而它在林中是很孤独的，常常独自一个漫游在深山老林的各个角落，所到之处，其他动物都回避跑开。因而人们称它为兽中王，是名副其实的。

19 世纪末至 20 世纪初，由于人类经济活动的增加，使原始森林遭到大面积的砍伐，加上娱乐性的狩猎活动和有组织的灭虎行为，使东北虎的分布区急剧退缩，种群数量下降。

据记载，到 20 世纪 30 年代，俄罗斯境内的东北虎仅有 20～30 只，于是政府下令禁止猎杀东北虎，俄罗斯成为世界上第一个禁止狩猎虎的国家。

1947 年以后，俄罗斯通过建立自然保护区等有效措施加以保护，凭借远东地区保存较好的大面积原始森林和人口稀少的优势，半个世纪以来，东北虎的种群数量得到了恢复。

东北虎头部特写

我国政府在 50 年代就已经提出禁止猎杀虎。1962 年 9 月 14 日，国务院将东北虎列入野生动物保护名录，并建立了自然保护区。1977 年 3 月，国家农林部将东北虎列为重点保护珍惜濒危物种。1988 年 11 月 8 日，中国全国人大通过《中国野生动物保护法》，所有虎的亚种均列为国家一级重点保护野生动物。1993 年 5 月 29 日，中国发布《关于禁止犀牛角和虎骨贸易的通知》，禁止用虎骨制药。

东北虎

到 2001 年末，我国已经建立有关虎的自然保护区 40 多个，其中东北虎自然保护区 3 个，一个是 1960 年建立的长白山自然保护区，在 1994 年以后，这个保护区再没有发现过虎的活动信息。第二个是 1980 年建立的黑龙江省七星碴子东北虎自然保护区，现在已经多年没有发现东北虎，该保护区已失去了对东北虎的保护意义。另一个是 2001 年建立的以保护东北虎、远东豹为主的珲春自然保护区。

在上世纪 80 年代初，我国签署了《濒危野生动植物种国际贸易公约》（CITES），1992 年又签署了《生物多样性公约》，1998 年国家林业局制定了中国野生东北虎保护计划，2001 年，东北虎被列入《中国野生动植物保护及自然保护区建设总体规划》中。由于长白山林区树木的不断被采伐和掠夺性的捕猎，东北虎这一珍贵动物数量极为稀少了，已濒临灭绝的境遇。为了抢救这一珍贵动物资源，我国采取了一系列措施，把东北虎列为国家一类珍稀保护动物，严禁猎取，并在长白山建立了自然保护区，使东北虎有了较好的安身之处，得以繁衍后代。

最大的史前动物

恐龙是中生代最活跃，最繁盛的一类爬行动物，它是目前已知最大的史前动物。自三叠纪中期出现以后一直生存到白垩纪末灭绝，在地球上生活了将近1亿7千万年，在其生存的整个地史时期，它们几乎主宰了世界，占据了各大陆上的生态区，成了中生代的"统治者"。因此，中生代亦称"恐龙时代"。

中生代是地球历史上最引人注目的时代，脊椎动物开始全面繁荣并出现了一些最令人不可思议的物种。爬行动物在海、陆、空都占据统治地位，因此中生代亦被称为"爬行动物时代"、"恐龙时代"。中生代可划分为三叠纪，侏罗纪和白垩纪。恐龙自2亿3千万年前左右三叠纪中期出现到6500万年前白垩纪末期灭绝，共经历了将近1亿7千万年的时间，是在地球上生活过的最为成功的物种之一。

恐龙与其他灭绝爬行类的最大区别在于它们的站立姿态和行进方式。恐龙具有全然直立的姿势，其四肢构建在其身体的正下方，而其他爬行类动物四肢是向外伸展的。恐龙四肢的直立构建比其他爬行类利于奔走。

目前全球已发现的恐龙大约有300属、500多个种。中国已描述和定名的约有100种。

欧文创建了恐龙这一术语后，作为一个分类单元，1872年前曾使用过，直到1872年，西勒整理当时已积累的资料，从恐龙腰带的构造着眼，发现该类动物间存在很大区别，将之划分为两个目：蜥臀目、鸟臀目。前者腰带为三射型，后者为四射型结构。西勒这一原则被广泛接受，尽管目一级以下的分类单元不断有所更改，但目一级分类是较稳定的。

巴克等人认为恐龙为内温动物，提出建立新的恐龙纲，将鸟类划入恐龙纲。虽然近年来的发现和研究基本证明鸟类是由恐龙的演化而来的，但具体的系统划分还需要进一步讨论和深入的研究。

恐龙

陆地的生物死亡后，身躯通常会消失，或被腐蚀性动物吃掉，或因细菌而腐烂，也有因为风化而分解，但化石是该项通则的例外：死亡已久的生物遗骸，被沉积物所掩盖，因而逃过毁灭的下场。当这些遗骸上面的沉积物硬化成沉重的岩层时，遗骸也会变化成化石。岩层中的某些部分有时会隆起或受到侵蚀，因而露出隐藏其中的化石。

最初，通常只能看到一部分骨骼，或有人在山坡脚下找到了一块骨头，并把这发现报告给博物馆。博物馆派出古生物学家去进行调查。古生物学家搜索山坡上的悬崖，看这片骨头是从什么地方跌落下来的，在崖面暴露的岩石中找出更多的骨头，得出结论：骨骼的其余部分一定深埋在悬崖的岩石中。其后，博物馆将组织一支由专家组成的化石猎人队伍前来进行发掘。这支队伍要设法找出，这骨骼属于哪一类恐龙，以及将骨头从地里挖掘出来的最有效方法。最终将化石完好的发掘出来运回博物馆修复研究。

能够成为化石的恐龙一百万只不超过一只，而目前已出土的又可能只占其中的少数。骨骼和牙齿的化石是我们了解恐龙生活的主要线索，除此之外还有形成化石的足迹、排遗、蛋以及史前植物的残骸。

传统对恐龙的研究，只限于对恐龙化石的描述和简单的讨论。今天的恐龙学已不单是对化石本身的研究，它还包括了古生物学、复原学、环境学、进化学、生理学等多方面的知识，成为了研究恐龙及其与之相关的一系列问题的交叉学科。

通过对恐龙的全面了解，人们不仅可以学到很多有关生物学、地质学的知识，还可以通过生物演化、地史变迁来了解人类自身在自然界中的位置，了解环境保护和保持生物多样性的重要意义。

恐龙之最

1. 谁最先发现了恐龙

在英国南部的苏塞克斯郡有一个叫做刘易斯的小地方。180 年前，这里曾经住着一位名叫曼特尔的乡村医生。这位曼特尔先生对大自然充满了好奇心，特别喜爱收集和研究化石。行医治病之余，他常常带着妻子一起跋山涉水去寻找和采集化石，足迹踏遍了周围有岩层出露的沟沟坎坎。久而久之，曼特尔夫人也成了一位"自然之友"和化石采集高手。

1822 年 3 月的一天，天气非常的寒冷，可是曼特尔先生还是照常出门去给病人看病。夫人在家里等着丈夫回来，心里总是惦记着他会不会着凉。后来，曼特尔夫人实在坐不住了，就带上一件丈夫的衣服出门向着他出诊的方向去迎接他。她走在一条正修建的公路上，公路两旁新开凿出的陡壁暴露出一层层的岩石。她习惯性地边走边观察两边新裸露出来的岩层，忽然，一些亮晶晶的东西引起了她的注意。"这是什么东西呢？"她一面自言自语，一面走上前去仔细观看。哇！原来是一些样子奇特的动物牙齿化石。这些化石牙齿太大了，曼特尔夫人从来没有见到过这么大的牙齿。发现的兴奋使得曼特尔夫人忘记了给丈夫送衣服这件事。她小心翼翼地把这些化石从岩层中取出来带回了家中。

晚些时候，曼特尔先生回到了家中。当夫人将新采集到的化石呈现在他眼前的时候，他惊呆了。他见过许许多多远古动物的化石牙齿，可是没有一种能够与这么大、这么奇特的牙齿相似。

在随后不久，曼特尔先生又在发现化石的地点附近找到了许多这样的牙齿化石以及相关的骨骼化石。为了弄清这些化石到底属于什么动物，曼特尔先生把这些化石带给了法国博物学家居维叶，请这位当时在全世界都是最有名的学者给予鉴定。

说实在的，居维叶也从来没有见过这类化石，而他读过的所有的由前辈科学家撰写的书籍和论文中也从来没有提到过这种化石。不过，居维叶还是根据

禽龙

他掌握的相当丰富的动物学知识做了一个判断，他认为牙齿是犀牛的，骨骼是河马的，它们的年代都不会太古老。

曼特尔先生对居维叶的鉴定非常怀疑，他认为居维叶的结论太草率了。他决定继续考证。从此，只要一有机会，他就到各地的博物馆去对比标本、查阅资料。

两年后的一天，他偶然结识了一位在伦敦皇家学院博物馆工作的博物学家，此人当时正在研究一种生活在中美洲的现代蜥蜴——鬣蜥。于是，曼特尔先生就带着那些化石来到伦敦皇家学院博物馆，与博物学家收集的鬣蜥的牙齿相对比，结果发现两者非常地相似。喜出望外的曼特尔先生就此得出结论，认为这些化石属于一种与鬣蜥同类、但是已经绝灭了的古代爬行动物，并把它命名为"鬣蜥的牙齿"。

后来，随着发现的化石材料越来越多，人类对这些远古动物的认识也越来越深入，我们知道所谓的"鬣蜥的牙齿"这种动物实际上是种类繁多的恐龙家族的一员；它确实与鬣蜥一样属于爬行动物，但是它与真正的鬣蜥的亲缘关系比起与其他种的恐龙的关系还要远呢！但是，按照生物命名法则，这种最早被科学地记录下来的恐龙的种名的拉丁文字并没有变，依然是"鬣蜥的牙齿"的意思。不过，它的中文名称则被译成为禽龙，这是科学史上最早记载的恐龙。

2. 最大的恐龙

到目前为止，我们所发现的身材最大的恐龙是震龙，它的身长有 39 至 52

震龙

米！身高可以达到 18 米!! 体重达到 130 吨!!! 也就是说，2 到 3 条震龙头尾相接地站在一起，就可以从足球场的这个大门排到另一个大门。而如此沉重的庞然大物如果在原野上行走的话，它那硕大的巨脚每一次踩到地面都会使大地发生颤抖，就像地震一样。这就是"震龙"一名的含义。

震龙生活的时代是大约 1 亿 6 千 2 百万年到 1 亿 3 千 6 百万年前的侏罗纪晚期。在动物分类学上，它属于蜥臀目、蜥脚亚目、梁龙科。除了震龙之外，当时生活在地球上的身体巨大的蜥脚亚目（一般称为蜥脚类）恐龙还包括梁龙科的梁龙（身长 26 米）、雷龙（身长 21 米，体重 25 吨）、超龙（身长 42 米，肩部高 5.19 米，臀部高 4.58 米）、马门溪龙（身长 22 米）以及腕龙科的腕龙（身长 25 米，体重 30~50 吨）等等。

这些巨大的恐龙都是吃植物的，高大的身躯和长长的脖子使得它们可以吃到高树上的叶子。如此巨大的身材肯定需要特别大的食量，但是这些恐龙却全都长了一个相对来说很小的脑袋和不大的嘴，怎么来满足那么大的食量呢？大概它们只能不停地吃了。科学家推测，马门溪龙一天要用 23 个小时的时间来进食！这恐怕也是世界之最了。

想一想，一头马门溪龙 23 个小时要吃下多少树叶呀，还有成千上万其他的马门溪龙呢，还有更多的其他巨型蜥脚类恐龙呢。看来，那时候地球上肯定是植物茂密、森林遍野，自然环境非常地优越，才使得这么多的庞然大物能够悠闲地生活在地球上。

现在，我们在陆地上再也见不到如此庞大的动物，能够与它们相比的大概只有生活在海洋里的蓝鲸了。雌性蓝鲸可以长到 30 多米，体重可以达到 200 吨重。

3. 最后灭绝的恐龙

作为一个大的动物家族，恐龙统治了世界长达 1 亿多年。但是，就恐龙

三角龙

家族内部而言，各种不同的种类并不全都是同生同息，有些种类只出现在三叠纪，有些种类只生存在侏罗纪，而有些种类则仅仅出现在白垩纪。对于某些"长命"的类群来说，也只能是跨过时代的界限，没有一种恐龙能够从1亿4千万年前的三叠纪晚期一直生活到6千5百万年前的白垩纪之末。

也就是说，在恐龙家族的历史上，它们本身也经历了不断演化发展的过程。有些恐龙先出现，有些恐龙后出现；同样，有些恐龙先灭绝，也有些恐龙后灭绝。

那么，最后灭绝的恐龙是哪些呢？显然，那些一直生活到了6千500万年前大绝灭前的"最后一刻"的恐龙就是最后灭绝的恐龙。它们包括了许多种。其中，素食的恐龙有三角龙、肿头龙、爱德蒙托龙等等；而肉食恐龙则有霸王龙和锯齿龙等。

4. 最有名的霸王龙事件

1992年5月14日，美国西部希尔城的黑山研究所的工作人员正像往日一样地干着各自的工作。忽然，一阵由远而近的警笛声打破了这里的宁静。接着，30多位联邦调查局的警官和20多名国家警卫人员闯了近来。他们遵照联邦大法官斯格弗尔的命令，以涉嫌非法发掘自然遗产的名义，查封了保存在这里的一具世界上最大、最完整的霸王龙化石标本。望着将近10吨重的化石骨架和围岩以及有关的野外记录和照片被这50几个人统统打包装箱，研究所的工作人员一个个目瞪口呆。这些警官和警卫人员足足用了两天多才完成这一繁重的工作，然后将这些"罪证"运到南达科他州矿业技术学校，保存在那里的保险库里。古生物化石作为犯罪证据被查封，这在全世界都是第一次；而且，被查封的还是被誉为"霸王龙之王"的极其珍贵的完整化石骨架，因此这一事件引起了当时新闻界和广大公众的极大关注。

事情的起因要追溯到两年前。1990年，有人在南达科他州的切奇河西奥

霸王龙标本

克斯印第安部落保留地里发现了一些恐龙化石出露的痕迹。为了发掘这些化石，黑山研究所支付了 5000 美元给这片土地的所有者、印第安牧场主威廉先生，取得了在那里进行发掘并拥有所有发现物的许可。

然而，有一件事黑山研究所并不知情，那就是威廉先生出于经济利益，已经在几年前把这块土地交给联邦印第安事务署托管了。根据美国法律，如果印第安人将他们的财产交给联邦政府托管，他们就可以享受免税。但同时这就意味着，他要想出售这片土地下面的埋藏，就必须得到联邦有关机构的准许。

威廉先生没有将这一切告诉黑山研究所，也没有去办理有关的手续。黑山研究所则稀里糊涂地开始了发掘工作。他们的工作倒是卓有成效，发掘出了迄今为止世界上最大、最完整的一具霸王龙骨架，并为它取名为"苏"。

研究表明，"苏"生活在 6500 万年前的白垩纪晚期，活着的时候身长有 12.49 米，身高达 5.48 米。如此珍贵的标本不仅有极高的展览价值，而且具有重要的科研价值。因此，黑山研究所的总裁拉森先生作出了雄心勃勃的计划，一方面准备和几位古生物学家合作来研究这具骨架；另一方面准备在希尔城专门建设一座博物馆，用来展览这个"霸王龙之王"。

可就在这是，威廉先生却突然向法庭起诉，声称黑山研究所无权拥有"苏"。在一系列研究计划中，有关霸王龙雌雄两性差异的研究最为引人入胜。在"苏"被发现之前不久，黑山研究所刚刚从南达科他州的布法罗村附近发掘出来了一条巨型霸王龙，取名为"斯坦"。拉森先生声称，他已经从"斯坦"和"苏"身上发现了雌雄霸王龙之间的差异。就在"苏"被查封的时候，拉森先生还在仔细地研究着它与"斯坦"之间的异同，准备撰写一篇判别恐龙性别的科学论文。"苏"的被查封，以及后来发生的旷日持久的法律纠纷，使这些意义重大的科学研究被迫中断了。

经过长达 4 年之久的法律诉讼，法庭最终判决，霸王龙之王"苏"归印第安农场主威廉所有，但是他必须保证，永远不能出售这件珍贵的大自然遗产。威廉先生则表示，欢迎有关的科学家到他那里来研究这具举世闻名的霸王龙标本。

5. 热极一时的恐龙蛋

提起恐龙蛋，也许很多人并不陌生。前几年在我国河南西峡地区发现了大量的恐龙蛋，许多还被化石贩子走私到国外；更有甚者，一些学者还声称从其中的一枚蛋里提取出了恐龙的 DNA。一时间，恐龙蛋成了各种报刊、各地的电视台和广播电台竞相炒作的热门话题。

西峡地区发现的大量恐龙蛋确实引起了学术界和社会的极大反响。其发现的化石地点遍布西峡县以及相邻的内乡县和淅川县的 15 个乡镇、57 个村。在西峡、内乡两个县的 3 个乡镇、4 个村，还发现了恐龙骨骼化石。恐龙蛋和恐龙骨骼化石的覆盖面积达 8578 平方公里，发掘出的恐龙蛋超过 5000 多枚。如此大量的发现在世界上确数奇观。这些恐龙蛋及恐龙骨骼化石的发现，不仅为研究恐龙及恐龙蛋的分类提供了材料，而且为进一步了解恐龙的繁殖方式，研究古地理、古气候、古地貌、古生态环境以及地层学和埋藏学提供了大量的宝贵信息。

但是，从恐龙蛋里提取出了恐龙 DNA 的报告却在一开始就引起了许多科学家的怀疑。据说，提取出恐龙 DNA 的这枚蛋在一次搬运时不小心摔破了，结果发现蛋壳内的物质是柔软的絮状物，而不是一般恐龙蛋内部那种由泥岩或砂岩构成的坚硬物质。因此，有关人士就认为这种柔软的絮状物是原来恐龙蛋里的蛋黄、蛋清等有机物没有完全分解而形成的产物。据此，他们就在一间原来用于植物生物化学实验的实验室里进行了提取工作，提取出了某种 DNA 的片段。然后，他们用这

恐龙蛋

种 DNA 片段与一些已知动植物的 DNA 进行了对比，根据对比结果的不同而宣布，他们提取出了某种恐龙的 DNA。

引起许多学者怀疑的是，那些"柔软的絮状物"是蛋黄、蛋清等有机物没有完全分解而形成的产物吗？要知道，恐龙蛋在地下埋藏了至少已经 6500 万年的时间，而从西峡地区的地质状况来看，埋藏恐龙蛋化石的地层均为泥岩或粉砂岩，并没有能够有效保护有机质免于分解的环境因素，因此，这么长的时间里，恐龙蛋中原来的有机质早已分解殆尽，而蛋壳内的物质，则在这漫长的岁月里经置换作用而充满了与周围的埋藏环境一样的矿物，而且，已经石化。那"絮状物"很可能是地层中常见方解石矿物在蛋壳内结晶出的晶体。如果你到北京动物园西面不远处的中国古动物馆来看一看，在二楼展厅内你就可以看到一枚剖开的恐龙蛋，它的内部因为完全被方解石晶体填充而显得晶莹剔透。而那枚蛋之所以"柔软"，则很可能是在埋藏在地下时经历了地下水的浸湿，或者是在出土后被水或潮湿的环境湿润所至。既然这枚蛋可能遭到过水的浸染，而且已经破碎，那么被含有某种 DNA 成分的有机质沾染的可能性就是很大的。至于提取者用这种 DNA 片段与一些已知动植物的 DNA 进行了对比，根据对比结果而宣布提取出的是某种恐龙的 DNA，结论也不可靠，因为，只有你将这种 DNA 片段与所有的已知生物进行了对比而结果不同，你才能说它属于某种已经灭绝的或是还没有被发现的生物。而离这一步，他们的工作差得太远了。

后来，有些科学家把那段所谓的"恐龙 DNA 片段"与更多种生物的 DNA 进行了对比，发现其序列竟然与某种低等的藻类植物相类似！

恐龙足迹放大图

现在，"恐龙 DNA"事件在科学界已经如过眼云烟般地没有任何影响了。但是正常的恐龙蛋研究依然在不断地深入。科学家利用电子显微镜等现代化的仪器对恐龙蛋的蛋壳进行了超微观的观察以及化学分析研究，知道恐龙蛋壳中大约

93%的成分是碳酸钙，由一层有机质基层和一层方解石质构成。这种双层结构与现代鸟类的蛋壳相似，能够有效地防止蛋内的水分蒸发，从而保护蛋中的胚胎能够正常发育。由此证明，恐龙在当时可以在十分干燥的环境里繁殖后代。

6. 世界上最长的恐龙足迹

20世纪90年代，一个由美国丹佛科罗拉多大学恐龙足迹专家马丁—洛克莱教授率领的古生物考察队在位于土库曼斯坦和乌兹别克斯坦边境上的一片泥滩上，发现了迄今为止所发现的世界上最长的恐龙足迹化石。其中，有5串足迹都比过去在葡萄牙发现的延伸了147米的世界最长恐龙足迹还要长，其长度分别为184米、195米、226米、262米和311米。

这些足迹是由20多条巨齿龙留下的。巨齿龙是一种与霸王龙相似的食肉恐龙，但是它们生活在距今1亿5千5百万年前的侏罗纪晚期，那个时候霸王龙还没有出现呢。

新发现的足迹与过去在北美洲和欧洲发现的巨齿龙的足迹非常相似，说明在侏罗纪晚期的时候巨齿龙的分布范围很广。

每个足印的大小与霸王龙的足印差不多，有60多厘米长。足印还显示其足后跟比较长。足迹显示的跨步长度表明，这些巨齿龙的身体只比一般身长在12.2米左右的霸王龙略微小一点。像所有的肉食恐龙一样，巨齿龙的足迹显示它的一只脚的足印并不落在另一只脚的前面，而是在左右足印之间有90多厘米宽的间距。科学家据此推测，巨齿龙很可能像鸭子那样摇摇摆摆地走路。

7. 最早被命名的中国恐龙

作为世界上最重要的恐龙产地之一，中国的恐龙化石发现地遍及东西南北。云南、四川、山东、内蒙、新疆等地都以出土了大量的恐龙化石而闻名于世。与这些恐龙大

中国辽宁鹦鹉嘴龙

省相比，黑龙江简直有点儿"默默无闻"了。可是你知道吗？中国最早被科学地命名的恐龙化石却正是发现在黑龙江省、黑龙江畔的一个小渔村附近，这个小渔村就是嘉荫县的渔亮子。

由于黑龙江水的长期侵蚀，沿江两岸的地层不断地被剥蚀，里面埋藏的恐龙化石就不断地被冲刷出来，暴露在江边的河滩上。当地的渔民发现了这些化石后非常惊奇，因为他们从来没有见过这么粗大的动物骨骼。消息不胫而走，被对岸的俄国军官听到了，就前来调查并采集化石。最初，俄国人把这些大化石骨头误认为是猛犸象，而且在俄国伯力地方报纸上作了报道。俄国地质学家被这一报道所吸引，从 1915 年至 1917 年连续到我国进行了三年的大规模考察和发掘，采集到一批恐龙化石。他们把采到的化石进行了修理，并配上三分之一的石膏模型，把这些化石装架起来，陈列到彼得堡地质博物馆里。研究认定，这是一种鸭嘴龙，高 4.5 米，长约 8 米，俄国地质学家把它命名为满洲龙。

嘉荫出土的这些满洲龙化石颜色大多是深褐色或黑色，埋藏在砾岩中，石化程度很高，质地坚硬，黝黑发亮。造成这种状况的原因很可能是由于含化石的砾石层是含油层位，因此地下的石油长期浸泡化石的缘故。

鸭嘴龙是恐龙家族中的晚辈，生活在白垩纪晚期，是一类以植物为食的素食恐龙。它们那两条巨大的后腿与长长的尾巴构成一个类似于三脚架的装置，足以支撑其笨重的躯体。它们前肢短小，自由地悬在身体上部，可以用来抓取树上的枝叶。它那高昂的头上长着一张扁平的鸭子似的嘴，嘴里长着数百颗小牙齿。这些牙齿呈棱柱形，牙根细长，一层层地镶嵌排列着。这样，当上层牙齿磨蚀殆尽，下层的牙齿就长上来补充。因此，鸭嘴龙就有了能够自我修复和更

霸王龙复原图

新零件的用于研磨粗纤维性食物的高效器官，这也许正是它们特别适应于白垩纪晚期的生态环境的原因，因为，到了白垩纪晚期的时候，地球上柔软的蕨类植物已经衰落，而多粗纤维的、较硬的裸子植物和被子植物已经开始成了地球植被中的优势类群。

嘉荫县不仅出土了属于鸭嘴龙的满洲龙化石，还发现了似鸟龙化石和大量的植物化石。对这一生物群落的研究和分析表明，现在如此寒冷的黑龙江畔在 6500 万年前的白垩纪晚期气候温暖潮湿、植物茂密繁盛，气候条件与现代的海南岛差不多。

令每一个中国人深感遗憾的是，中国出土的第一条被科学命名的恐龙并没有被珍藏在中国。好在，20 世纪 70 年代以来，我国地质学工作者和古生物学家在那条恐龙的附近又找到了新的恐龙化石地点，发掘出了一批新的满洲龙化石。这些化石现在陈列在黑龙江省博物馆、中国地质大学博物馆等科普场所里，正在向观众讲述着 6500 万年前的故事。

8. 恐龙的种类

恐龙的种类很多，科学家们根据它们骨骼化石的形状，把它们分成两大类，一类叫做鸟龙类，一类叫做蜥龙类。根据它们的牙齿化石，还可以推断出是食肉类还是食草类。这只是大概的分类，根据恐龙骨骼化石的复原情况，我们发现，其实恐龙不仅种类很多，它们的形状更是无奇不有。这些恐龙有在天上飞的，有在水里游的，有在陆上爬的。

翼手龙生活在白垩纪，它们的骨骼在欧洲被发现。翼手龙并不是很大，它的翅膀不过 22 厘米左右。但是风神翼龙的翅膀却长达 12 米，像公共汽车那么大。美国科学家曾经发现过一种翼龙，它的翅膀长达 15 米以上，如果我们今天能看到它，说不定会以为是飞机在天上飞呢。很多会飞的鸟龙都有些像今天的蝙蝠，它们好像用一双手撑起巨大的翅膀，于是，又有翅膀又有利爪成了它们的一大特点。有人认为，后来的鸟类就是由它们演化来的。

体形巨大的翼龙是怎么飞上天的？对此，科学家们有不同的认识。一些人认为，那些巨大的翼龙根本就不会飞，它们不能像鸟儿一样振动自己的翅膀，但是它们可以先爬到高处，迎风张开巨大的双翼，这样就可以借助上升气流，使自己在空中滑翔。另一些人认为，翼龙翅膀上的膜非常坚硬，而且翅膀的外侧有像框架一样的筋骨相连，所以它们能像鸟儿一样扇动翅膀。由于它们的翅膀非常大，稍稍拍动一下就可以获得巨大的反作用力，使自己飞起来。这两种观点究竟哪一个是正确的，目前还没有结论，也许不久的将来，你就可以破解它呢。

在恐龙统治陆地的时候，海洋也同样被一些巨大的爬行动物占领着。它们与陆地上的恐龙和空中的翼龙是近亲，也用肺呼吸空气，一般也产卵。它们是海洋中的霸主，有些长着锋利的牙齿，为的是捕食其他鱼类。这些爬行动物多多少少长得有些像今天的鱼类，有人就认为它们是鱼变的，也有人认为今天的鱼是它们变的。这些海中巨怪也有不少种类，像我们今天有的鳗、龟、蛇、鳄等等，过去也都有相似的种类。如鳗龙，如蛇颈龙等等。薄板龙是最长的蛇颈龙，全长可达 15 米。它的脖子大约为躯干的两倍。

鳗龙是蛇颈龙的一种，在日本发现过它们的化石，经测量，它们的身长约 7、8 米。而且它们有锋利的牙齿。

巨齿龙

　　科学家们在发掘原角龙巢穴的时候意外地发现了一具小型恐龙化石。它跑到原角龙的巢里去做什么？经过研究，原来它是一个专门偷吃恐龙蛋的小坏蛋。它的嘴里没有牙齿有一根尖刺那就是它用来刺破并吸取蛋汁用的工具。

　　陆地上的恐龙是我们最熟悉的了，这也许是因为它们的骨骼化石更容易被保留下来的缘故。现在发现的这类恐龙很多，有兽龙类，如异齿龙；剑龙类，如剑龙；甲龙类，如森林龙；角龙类，如三角龙；雷龙类，如雷龙等等。

　　异特龙是一种凶猛可怕的食肉恐龙，它的一张大嘴可以一下子吞下一头小猪。它的牙齿全都向里弯曲，猎物被它咬住就休想逃出来。

　　原角龙生蛋时往往是几只雌龙共用一个窝，大家轮流一圈一圈地产蛋。

　　三角龙是角龙的一种。它的鼻子上有一只角，像犀牛，眼睛上有两只角，又像牛。这三只角都有 1 米长，是它们打架的有力武器。

　　栉龙的头上长着一个引人注目的管子，里边有细细的通道。空气经过时就会发出低沉的声音，可以用来吓跑敌人。也有人认为，那是它们在潜水时用来通气用的，究竟是做什么用的，目前还没有定论。

　　甲龙的皮肤非常坚硬，像铠甲一般。身上和尾部长着骨刺，像狼牙棒一样，谁也不敢碰它们。

世界上最大的恐龙筑巢地

不久以前，古生物学家在位于欧洲比利牛斯山脉南部的西班牙境内，于距今大约6千5百万年至7千万年前的白垩纪晚期海滨沉积物中发现了大量的恐龙骨骼化石碎片和恐龙蛋化石。由于化石太丰富了，以至于没有人能够预测到底有多少。马德里自治大学的古生物学家约瑟桑兹教授考察了这一地区一块面积达9平方公里的古海岸的化石，发现这是一个巨大的恐龙筑巢地。这样大规模的恐龙筑巢地是世界上迄今为止所知道的最大的。

桑兹教授对埋藏在砂岩中的那些未经触动的骨骼化石碎片和蛋化石进行抽样调查后发现，在一块将近1万立方米的砂岩中竟然埋藏有30万个恐龙蛋。

在实验室里对这些恐龙蛋进行的电子显微镜观察发现，蛋壳中那些为胚胎提供氧气的微细的气孔与鸟类的不一样，这肯定了其恐龙蛋的身份。

在野外，桑兹还发现了一些很可能是幼年恐龙的骨骼碎片。同时，还发现了24个保存非常完整的蛋巢化石，每个蛋巢里面有1至7枚直径大约为20厘米的圆形蛋，它们不规则地排列在蛋巢之中。这种排列方式的蛋巢与过去发现的其他恐龙蛋巢完全不同，比如科学家曾经在蒙古发现的恐龙蛋巢中的蛋呈规则的螺旋状排列。

由于距离地表仅1米上下的恐龙蛋巢保存得都良好，因此桑兹认为，来到这个群聚地的"新移民"肯定没有践踏以前来到这里筑巢的恐龙留下的蛋巢，这才出现了这种显得拥挤不堪的状况——蛋巢在砂岩中彼此的相隔距离一般都不到1米。桑兹根据这些情况推测，当时恐龙肯定是特别喜欢这个地区，到了每年的繁殖季节都要来到这里产蛋以繁殖后代。

恐龙骨架化石

令桑兹感到遗憾的是，他还不能鉴定出在这个地区产蛋的恐龙的属种，因为他仅仅发现了一些非常残破的骨骼化石，还不足以提供能够鉴定出恐龙属种的充分证据。

不过这个世界上最大的恐龙筑巢地还是为科学家提供了许多其他的信息。例如，这是科学家第一次发现的恐龙可能喜欢在海边筑巢的证据。恐龙喜欢在海边筑巢的习性很可能是因为海边柔软的泥沙能够保护产下的蛋，防止其破碎。过去，科学家曾经从海洋沉积物中发现过幼年恐龙的骨骼，但是那很可能是被水冲进大海的恐龙个体形成的化石。而西班牙发现的这些海滨沉积物中保存的蛋巢化石是恐龙在海边筑巢行为的第一个确定无误的证据。

海拔最高处的哺乳动物

牦牛是西藏高山草原特有的牛种，主要分布在喜马拉雅山脉和青藏高原。牦牛全身一般呈黑褐色，身体两侧和胸、腹、尾毛长而密，四肢短而粗健。牦牛生长在海拔 3000 米~5000 米的高寒地区，能耐零下 30℃~40℃的严寒，而爬上 6400 米处的冰川则是牦牛爬高的极限。它是世界上生活在海拔最高处的哺乳动物。

远在第 4 纪全球大冰川蔓延时期，野牦牛的祖先曾分布到中国华北、内蒙古及欧亚地区的北部。世界气候变暖后，野牦牛的后裔开始在寒冷的青藏高原栖息。

野牦牛一年四季生活的地方不一样，冬季聚集到湖滨平原，夏秋到高原的雪线附近交配繁殖。野牦牛性情凶猛，人们一般不敢轻易触动它，触怒了它会以 10 倍的牛劲疯狂冲上来，有时还会把汽车撞翻。中国牦牛占世界总数的 85%，其中多数生长在西藏高原。

藏高原牦牛主要分布：青海省南、北部的高寒地区。该牦牛由于混有野牦牛的遗传基因，因此带有野牦牛的特性，结构紧凑，黑褐色占 72%，嘴唇、眼眶周围和背线处短毛，多为灰白色或污白色。头大，角粗，母牛头小，额宽，有角髻甲高长而宽，前躯发达，后躯较差，乳房小，成碗碟状，乳头短小。成年公牛体高为 129 厘米，母牛为 111 厘米，体重分别为 440 公斤和 260 公斤。成年阉牛屠宰率为 53%，净肉率为 43%。

牦牛

泌乳期一般 150 天，年产奶为 274 公斤，日产奶 1.4—1.7 公斤，乳脂率为 6.4%—7.2%。成年牦牛产毛为 1.2～2.6 公斤，粗毛和绒毛各半，粗毛直径 65～73 微米，两型毛直径 38～39 微米，绒毛直径 17～20 微米。粗毛长 18.3～34 厘米，绒毛长 4.7～5.5 厘米。驮重为 50～100 公斤，最大驮重为 304 公斤。公牛 2 岁性成熟，母牛为 2～2.5 岁，繁殖成活率为 60%，一年一胎占 60%，双犊率为 3%。

牦牛不仅是高原牧区的主要家畜之一，而且多少世纪以来都是雪域高原的驮载工具，向有"高原之舟"的美称。全世界现有 1400 多万条牦牛，其中百分之八十五以上都繁衍生息在中国青藏高原及周围 3000 米以上的高寒地区。

牦牛除了有较强的驮运和拉力外，其肉可食、其乳可饮、其毛皮可用，牛粪既是肥料又能当柴薪。从牦牛奶中提取的酥油，是高原地区人们的主要食用油。牦牛皮质地坚韧、光泽耐磨。牦牛绒可纺成上等牛绒线。牛毛捻成的绳子富有弹力和光泽，结实耐用，做成的帐篷御寒力很强，至今仍是牧民们重要的住舍。牦牛尾巴制成的"毛掸"蓬松耐用，拂尘力强，特别是白色的尾巴更为珍贵。

牦牛全身都是宝。藏族人民衣食住行烧耕都离不开它。人们喝牦牛奶，吃牦牛肉，烧牦牛粪。它的毛可做衣服或帐篷，皮是制革的好材料。牦牛素有"高原之舟"之称。它既可用于农耕，又可在高原作运输工具。牦牛还有识途的本领，善走险路和沼泽地，并能避开陷阱择路而行，可作旅游者的前导。

嘴巴最大的陆生动物

河马是一种过两栖生活的大型哺乳动物，最大者有 3 米多长、3 ~ 4 吨重，比犀牛还要大，是仅次于大象的世界上名列前茅的大四足动物。

最令人惊奇的是它们一张大嘴巴，张开时上唇可以高过头顶，能张到 90 度，足可容一个较大的孩子站立其中，比任何陆生哺乳动物的嘴巴都大，因而有人称它为"大嘴兽"或"大嘴巴动物"。

河马分布于非洲热带的河流，河马栖息在河流附近的沼泽地及芦苇中。成对或结小群，夜行性，每天大部分时间在水中，无定居。性温和，善游泳，皮肤排出液体含红色色素，俗称为"血汗"。主要以水生植物为食，偶食陆地作物。繁殖期不固定，孕期约 8 个月，每产 1 仔，3 ~ 5 岁性成熟，寿命 40 ~ 50 年。北京动物园 1957 年开始饲养展出，1959 年繁殖成功。

河马吻部宽大，四肢短粗，躯体似粗圆桶，胃 3 室，不反刍。鼻孔在吻端上方，与眼、耳同一平面，这样它们在水中时，只需将头顶露出，就能够嗅、听、视兼呼吸。河马常常潜伏在水中，每隔 3 ~ 5 分钟到水面呼吸一次，最长能潜伏半小时。它们的皮肤长时间离水会干裂，而生活中的觅食、交配、产仔、哺乳也均在水中进行。

河马是非洲特产动物，性喜结群，通常每群约 20 只，它们在河中或湖里生活时，都得遵循一条不成文的"家规"：雌的和幼的河马占据河流或湖沼的

河马

中心位置，年长的雄河马在它们的外缘，年轻的雄河马离它们更加远些。谁要是越规，就会受到全群河马的"谴责"。

但是，在繁殖季节里，发情的雌河马允许进入雄河马的地盘，并得到主人的热情接待。相反，一头雄河马闯入中心位置，那里的雌性和幼年河马虽然不会驱赶，但它必须

严格遵守"家规"——站立或蹲伏在水中，不准乱碰乱撞。一旦违背这一"家规"，它将受到其他雄河马的共同攻击。

河马的生活中充满了各种令人惊奇的事情。河马的大部分时间是在水中度过，可实际上他们却不会游泳；河马憨厚可爱的外表下却隐藏着暴躁的习性，他们是装备着一英尺长獠牙的野蛮的领地守护者。一只重达3吨，时速达到30公里的河马是非洲最危险的动物。河马是装备着一英尺长獠牙的野蛮的领地守护者。对于河马来说，他们的成就是以所占据的地盘来衡量的。

大小河马

河滩是他们的生息地，但维持这样的生活方式并不是件轻松的事情。他们的名字叫作河马，河流是令他们感到安全和自信的地方。尽管他们呼吸空气，但在水下却显得更加轻松自如。他们能一次屏住呼吸长达6分钟。他们的脚上长着指甲，但这不是蹄形足，而是呈部分蹼状。

因为不会游泳，河马不喜欢涉足过深的水域，他们喜欢让自己的脚踏实地踩在河底。但是不会游泳并不是个缺点，实际上河马在水下倒显得体态轻盈，在水流中迈着太空步行走，要比游泳容易得多。最令人惊讶的是这些"沙滩顽童"在陆地上的运动能力。他们不是长跑运动员，但在百米距离内却能健步如飞。

当河马潜入水中，一种特殊的阀门会自动封闭它的耳孔和鼻孔，但这并不影响它在水下的听力和通讯能力。河马被封闭的气孔中会发出"嗡嗡"和"嘀哒嘀哒"的声音，听起来与海豚发出的声音相似，而这并不是巧合。最近的科学研究表明，河马与海豚和鲸鱼的关系密切，它们有着共同的祖先。

和它们的亲戚海豚不同，河马不吞吃鱼类；而且情况恰恰相反，甚至连年轻体壮的河马都会经常遭受以粪便为食的鱼类的骚扰。其他一些乞讨者会吸食它身上的死皮，或是从它6英寸长的恐怖的牙齿上敛取食物。

最小的鹿

广义而言，鹿类动物包括偶蹄目中的鹿科，鼷鹿科和长颈鹿科的所有种类，其中个子最小的要数鼷科鹿了。

鼷科鹿体形略比野兔大，面部尖削而长，额顶无角，四肢修长，前肢略短于后肢。雄性上犬齿发达，露出唇外呈獠牙状。上体、体侧麂黄色，颈下侧有显著白色条纹，胸腹部淡棕黄色，尾短，50～80毫米，尾背浅棕色，尾下白色。主要分布于中南半岛，包括老挝、越南、泰国、马来西亚和缅甸，并至印度尼西亚的爪哇、苏门答腊等岛屿。国内分布仅是本种分布区的边缘，只见于云南南部西双版纳勐腊。

鼷科鹿主要栖息于热带海拔较低的稀树草丛、灌丛和阔叶林。尤喜在溪沟边有水草的附近活动和觅食。行动敏捷轻快，善于隐蔽。一般单独活动。清晨，黄昏活动较频繁，白天隐匿于树洞或水草丰盛茂密的地方。半水栖性，特别喜爱水。听觉、嗅觉均较敏锐。行动缓慢轻巧，极少发出声响。主要以植物叶茎为食物，多为嫩草、茎、嫩芽、榕树果、刺桐花以及嫩黄豆叶、薯秧嫩尖、木薯嫩枝叶等。

鼷鹿外形似麝，但比麝小，身长40～48厘米，间高不足30厘米，体重只有1～2公斤。由于鼷鹿体态小巧，行动灵活，感觉敏锐，所以在林地草丛中奔跳自如，善于隐蔽。它虽名鹿，但奔跑子是非常像兔子，难怪人们在远处见到它时，往往误以为是野兔子了！鼷鹿还有高超的避敌本领，一旦受到惊吓或敌害追击时，它不是往草丛、灌木丛中钻，便是寻找水源，迅速窜入水中。

鼷鹿生活在热带次生林、灌丛、草坡，常在河谷灌丛和深草丛中活动，

鼷鹿

有时也进入农田。性情孤独，在草、灌丛中十分灵敏，善于隐蔽，一般不远离栖息地。主要在晨昏活动，以植物嫩叶、茎和浆果为食。全年繁殖，孕期5~6个月，每胎1仔，偶尔也产2仔，幼仔出生半小时后就能活动。鼷鹿夜间外出活动，而且多半单独生活，用嘴取食植物。以嫩叶、青草、果实以及地下根、茎等为食。

在鹿类中，多数种类的雄鹿长有角，而鼷鹿不论雄雌都没有角。不过雄鼷鹿有长约2厘米的獠牙，露出嘴外，在繁殖季节时作为择偶搏斗的有力武器。四肢细长，主蹄尖窄。喉部有白色纵行条纹，腹部为白色。背、腿侧及体侧等阳光能直射到的部位，毛色黄褐。鼷鹿是保留着许多原始特征的鹿类动物，在进化生物学研究中很有价值，属于国家一级保护动物。

最大的鹿

驼鹿是世界上体形最大的鹿，高大的身躯很像骆驼，四条长腿也与骆驼相似，肩部特别高耸，则又像骆驼背部的驼峰，因此得名。另外从前还有人认为它的唇似马，身体和四肢象鹿，蹄似牛，所以也称之为"麋鹿"或"四不像"。一般体长为200～260厘米，肩高154～177厘米，体重450～500公斤，但产于北美洲的体长都接近300厘米，体重可达650公斤，最高纪录为1000公斤左右，堪称鹿类中的庞然大物。

驯鹿全身的毛色都是棕褐色，夏季毛的颜色比冬季深得多。头部很大，眼睛较小，脸部特别长，颈部却很短，鼻子肥大并且有些下垂，上嘴唇膨大而延长，比下嘴唇长5～6厘米。另外它没有上犬齿，这一点与其他鹿科动物不同。雄兽和雌兽的喉部下面都生有一个肉柱，上面长着很多下垂的毛，称为颌囊，但雄兽的更为发达。躯体短而粗，看上去与4条细长的腿不成比例。它的尾巴也很短，只有7～10厘米。仅雄兽的头上有角，也是鹿类中最大的，而且角的形状特殊，与其他鹿类不同，不是枝杈形，而是呈扁平的铲子状，角面粗糙，从角基向左右两侧各伸出一小段后分出眉枝和主干，呈水平方向伸展，中间宽阔，很像仙人掌，在前方的三分之一处生出许多尖叉，最多可达30～40个。每个角的长度超过100厘米，最长的可达180厘米，宽度为40厘米左右，两只角横伸的幅度为230～160厘米，重量可达30～40公斤！

马驼鹿

驼鹿

驼鹿的祖先宽额驼鹿出现于 200 万年前的更新世前期，而现生的驼鹿是在大约 20 万年前出现的。它在国外分布于欧亚大陆的北部和北美洲的北部，共分化为 6～7 个亚种，不同亚种的毛色有所不同。我国是其分布区的南缘，在历史上的分布也很广，而且数量较多。根据化石记录，驼鹿曾见于哈尔滨地区的松花江流域附近的晚更新世地层中，当时在这个地区还是一片森林，气候湿冷，适于驼鹿生活。我国的古籍文献中也有这样的记载："驼鹿，出宁古塔（即今宁安县）、乌苏里江，一名堪打罕，颈短形类鹿，色苍黄无斑，项下有肉囊如繁缨，大者至千余斤，角扁而阔，莹洁者为决胜象骨，俗呼扳指"。但现在仅见于大兴安岭、小兴安岭北部、完达山，以及新疆阿尔泰山一带。

驼鹿角的叉数与年龄相关，6～8 月龄时生出新角，初生的角为单枝，称为锥角。第三年分出 2 个叉，并在基部出现角盘。第四年分出 3 叉，第五年分出 4～5 叉，第六年以后则不再呈现规律。角的长度和重量随着叉数的增加而递增，掌状角面积的增加尤为显著。角每年脱换一次，2 月中旬至 3 月底脱落旧角，大约一个以月后即长出新角。7～8 月间角从基部开始骨化，至 9 月前后完全骨化，茸皮随即脱落。

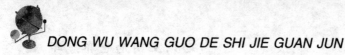

驼鹿每年还要换一次毛，一般在 4 月初至 5 月份脱落冬毛，先从耳、鼻部开始，然后是背部和四肢，依次逐渐脱换，换毛的迟早因性别、年龄的不同而有差异，通常是膘肥体壮的成年雄兽最先换毛，其次是幼仔和怀孕的雌兽，老弱个体可延迟至 7 月中旬。

驼鹿在自然界的天敌主要是狼和棕熊，另外还有猞猁和貂熊，它们大多袭击幼仔，以及年老、患病、体弱的个体，特别是刚生育的雌兽和出生不久的幼仔。健壮的成体十分有力，有时甚至能击败熊、狼等体形较大的食肉兽类，但是如果是在积雪较深的地方，行动不便，也容易被成群的狼等食肉兽类所围剿。

驼鹿在全世界的总数大约为 200 万只，其中北美洲有 100～120 万只，欧亚大陆有 100 万只。我国的驼鹿仅有 1 万只左右，由于过度猎捕和栖息环境的恶化，近几十年来，我国驼鹿的分布区大为缩小，许多曾经有驼鹿分布的市、县和林场内的种群都已经绝迹，其他尚存的自然种群的数量也在显著减少，密度降低，与世界其他地区驼鹿的较大数量形成鲜明的对比。因此，对驼鹿加强科学研究，进行合理的开发利用是摆在我们面前的一个重要课题。

和人类亲缘关系最近的动物

非洲大陆的黑猩猩是地球上与人类亲缘关系最近的动物。据推测，人类与黑猩猩是在 800 万至 1000 万年前分道扬镳。近期的应用分子生物学也证实，黑猩猩与人类的 DNA 差异大约只有 2%，亲缘关系甚至比同在非洲大陆生活、在形态上与它们更为接近的大猩猩还要近！

黑猩猩体重约 70 公斤，毛色乌黑，耳大，突向头侧，眉骨高，两目深陷。成小群，常下地活动，能直立在地上行走，晚间在树上筑巢过夜，杂食，分布于中部非洲和西部非洲气候炎热而潮湿的森林中。

黑猩猩属灵长目类人猿科哺乳动物，身高 12 ~ 14 米，体重 50 ~ 75 公斤。在形态上，比猩猩和大猩猩都小。全身黑毛，头较圆，耳朵大，鼻子小，眉骨高，眼窝深，嘴巴宽，唇长而薄。臂长过膝，走路时手脚并用，虽然看上去有些笨拙，在树上倒是灵活自由。黑猩猩的力气很大，一个雄黑猩猩完全可以应付三个空手的小伙子。

在野生动物中，只有黑猩猩才具有以下三种特点："聚合、分裂"型社会、地盘性和雌性异系交配。要是比较熟悉人类学或者对那些原始人比较有概念的话，那么，我们可以知道人类社会早期是如何生活的。原始人的生活结构和黑猩猩很相似。不过，很多年之后，当我们坐在电脑前冲浪的时候，黑猩猩还是保持着它原先的生活方式。

另外还有一种矮小黑猩猩，分布

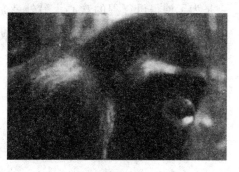

黑猩猩特写

黑猩猩

在非洲西海岸经刚果河到非洲东部的一条狭长地带。矮小黑猩猩的身体各个部分都比黑猩猩要短小，而且表现出更为明显的原始特征。有的研究者认为矮小黑猩猩是现存的类人猿中与它们的共同祖先最为接近的一种猿类。

在动物的世界里面，同类相残一般都是为了权力，为了确保自己的统治地位。同人类社会一样，动物的世界里面也同样遵循着胜者为王的规则，这似乎是由动物的本性所决定的。

黑猩猩的社会阶层和人类非常相似。在它们的社会里面，不仅有权力之分，而且也会像人类一样定期举行首领选举的活动。这主要是为了两件事情：一是为了博得母猩猩的欢心，另外就是为了争得最高首领的地位。不可思议的是，它们还会施展一些阴谋诡计争取在战斗中的胜利。

最大的猴子

狒狒是最大型的猴子，生活在非洲的黑土地上。比如西非的狒狒是比较大型，体重达到55～60公斤，长有90厘米。它生活是成群地，每群一般有20～60只，有时最多可达200多只。在成群的狒狒中有一只年龄较大、身体强壮和经验丰富的雄性狒狒领导，其他狒狒都听它指挥。狒狒的头脑一般比其他动物较聪明，懂得用石头或木头当作武器去对付敌人，成群的狒狒是非常团结，一般动物不敢惹它。

狒狒鼻吻长似狗，体格魁梧，红鼻蓝脸，面部肉色。它们都是成功的地栖种类，甚至晚上也难得上树隐蔽，而宁愿在峭壁悬岩集成大群过夜。拂拂喜群体生活，往往有超过200头的。

狒狒与非洲地栖的赤猴相对比，前者高声呼叫，由几只领头雄猴控制群内相互间的吵闹、粗暴和侵犯。而赤猴通常保持"沉默"，这种成小群活动的猴子，有一套温柔的呼叫声，猴群之间难得侵犯而从不发生殴斗。赤猴是猴子中跑得最快的种类，时速可达55公里。它们的四肢延长，趾短，第一指、趾缩小，掌、足垫发达。这种明显适于奔驰的类似羚羊的猴子，过着平静的生活方式，通常靠它的速度来逃避危险。而群内频繁吵闹和不能快速奔跑的拂拂群，依靠它富有战斗力的领头公猴去对抗和阻止捕食者。

狒狒属于濒于灭绝的珍稀动物。根据科学研究发现，由喜欢聚堆交流的雌狒狒生育和培养的孩子，其生存率特别高。

一只名叫布鲁迪的狒狒在狒群中很受欢迎。每当这只狒狒出现在众伙伴中间时，大家都会自动侧立，并竖起尾巴来向它致意。尽管布鲁迪其貌不扬，但它却在众狒狒中桀骜不驯。在整整23年间，布鲁迪共与配偶生育11个孩

狒狒头部

狒狒嬉戏

子，其中健康存活了8个。

而有些群体中的动物就不存在这种和睦相处、以群为安的关系。譬如海狸，就是不喜欢聚堆的独来独往者。海狸之间除非亲眷，否则在伙伴们相互接近时还会以突袭的方式向对方发出恐吓。有一只海狸18年间生12只小海狸，而能生存的仅为4只。

美国加利福尼亚州立大学洛森塞尔斯学院的西尔克教授、迪克大学的阿尔巴茨教授和普林斯顿大学的阿尔特曼教授，自1984年至1999年，对生活在肯尼亚安波塞里国家公园里的108只雌狒狒，进行了长达15年的悉心观察。他们发现喜欢聚堆的雌狒狒，每天要花1/10的时间来聚会碰面。本来，狒狒们可以利用更多的时间和体力去采集食物、侦察情况、喂养子女或培养子女的生存本能等等。但它们没有这样做。"或许动物之间已经愈来愈需要社会性接触，因为它们最清楚适者生存的法则，或许它们已愈来愈清醒地意识到，为了使自己家族更好的繁衍下去，加强群体间的交流，是防止血缘断绝最好的手段"。他们还发现那些喜欢聚堆的雌狒狒的生育死亡率，要比那些不擅长交往的雌狒狒的生育死亡率低得多，狒狒之间的交流、碰面、聚会，不仅仅是在消磨时光，对家族的繁荣也有密切关系。

狒狒的善于交际对自己的家族或遗传基因的兴旺具体能起什么作用仍是个谜。但有对狒狒的研究数据表明，狒狒之间的交流，有助于相互间梳理皮毛和降低心率跳动次数，即缓和心绪，而且能促使脑内物质的内啡肽（与镇痛有关的内源性吗啡样物质之一）分泌加快，以消除紧张心绪。

心理学家根据以往的观察资料还发现，当雄狒狒面对危险时，不是以同样威吓的方式回报对方，就是逃之夭夭，而雌狒狒面临危险时，会向伙伴们发出求救信号。前不久，《科学》杂志也发表了有关雌狒狒这一临危处置方式的研究成果。

同时有关专家指出，可以把对狒狒的研究直接与人和社会之间相关的健康问题结合起来。譬如，如果孕妇进行社会束缚活动，会直接影响婴儿的体重。研究发现，善于或喜欢交流的孕妇有助于胎儿的健康生长。在紧急情况下，为什么遇难人要跑向有人的地方或呼救，这就是人人相亲的群体社会存在的天性，用社会学的观点来说，就是人与人之间的亲情构成了社会关系的资本。许多研究都发现，这种社会关系资本越多、越亲密，就越有助于改善个人的健康状态和心理素质。

最小的猴子

小时候，我们可能都听过《拇指姑娘》的故事。她那娇小可爱的模样和离奇的经历真是让童年时的我们充满了美丽的幻想。现实中，拇指姑娘可能不会存在，但拇指宠物还是能让已长大的我们，继续徜徉在儿时小人国的梦想中。

说起猴子，大家脑子里第一想起的可能就是山里的野猴王，或者动物园爬上蹿下的各种各样的猴。但我们中的大多数人肯定都没听说过拇指猴——狨猴。它身长仅数厘米，相貌憨厚可爱。因其可以爬在人的手指上而得名。各种狨猴皆活泼温顺脆弱，易驯养。

在南美亚马逊河流域的森林中，就生活着这样一种世界上最小的猴子——狨猴，又称指猴。这种猴长大后身高仅 10 ~ 12 厘米，重 80 ~ 100 克。

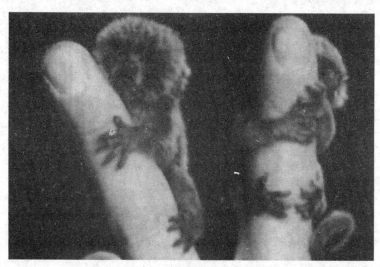

狨猴

新生猴只有蚕豆般大小，重 13 克。这种猴子喜欢捉虱子吃，且生性温顺，因此饲养它们便成为当地印第安人的嗜好。

狨猴：学名 Hapale jacchus 或 Callithr xjacchus，英名 Marmoset。狨猴又名有绢毛猴、有普通狨（Callithrix Jacchus）、银狨（Callithrixargentata）、倭狨（Cebuella Pygmaea）、棉顶狨（Cottontop Pinche）。

狨科有 3 属 35 种之多，是产于中南美洲的小型低等猿类，特点是体小尾长，尾不具有缠绕性，头圆、无颊囊、鼻孔侧向。母猴妊娠期为 146（140 ~ 150）天，性成熟为 14 个月，有月经，性周期为 16 天。交配不受季节限制，可以在笼内人工繁殖，每胎 1 ~ 3 仔，双胎率约为 80%。主要用于生殖生理、孕避药物研究和甲型肝炎病毒和寄生虫病的研究。

最懒的猴子

如果有人问："什么动物最好动？"你一定会马上想到那整日蹦蹦跳跳、攀岩渡崖、没半刻安分的猴子。但我要告诉你，大自然中的事物就是这样奇怪。因为世界上最懒的动物也是猴——蜂猴。

蜂猴分布在亚洲东南部和非洲的密林中，在我国仅产于云南和广西南部的森林里，因数量稀少已被列为国家一级保护动物。它的身长只有30厘米左右，体重约1000克，所以叫它"蜂猴"，形容此猴体小似蜂。蜂猴，泰国人也叫它"风猴"。因为它平时爬得又慢又审慎，但一遇到起风时就爬得很快。大多数人把蜂猴称为"懒猴"，这似乎更确切。因为它在猴类中是出名的"懒汉"。它畏光怕热，白天在树洞、树干上抱头大睡，鸟啼兽吼也无法惊醒它。它的动作非常缓慢，走一步似乎要停两步。有人曾作过一番观察，蜂猴挪动一步，竟需要12秒钟时间。

树上的蜂猴

蜂猴也属于灵长目，看上去倒是蛮可爱的一种小动物。它身披蜂黄色的毛，背中央还有一道深栗色的红色直线，搭配得煞是好看。它的个头不大，外形有点像猫，眼睛又大又圆，周围有一道黑圈，宛若戴着一幅"现代派"的墨镜。它的身体又粗又胖，一看就知道过的是养尊处优的生活。

不过，蜂猴的生活习性可和"灵长"毫不相关，因为它太懒了，简直已经懒到了令人难以理解的程度。白天它生活在树洞或树枝间，把身体蜷缩成一个毛茸茸的圆球球，一睡就是一天。晚上，它睁开眼睛，开始在树枝上慢腾腾地爬行，遇到可吃的东西，就随便吃上一点。也许为了减少活动量，它吃得很慢、很少，为了不动嘴，几天不吃也是常事，即使有敌害袭来，它也只是慢条斯理地抬头看上一眼，就不理不睬了。因此，它又得了一个雅号：懒猴。

蜂猴

蜂猴动作虽然慢，却也有保护自己的绝招。由于它一天到晚很少活动，地衣或藻类植物得以不断吸收它身上散发出来的水气和碳酸气，竟在它身上繁殖、生长，把它严严实实地包裹起来。这可帮了蜂猴的一个大忙，使它有了和生活环境色彩一致的保护衣，很难被敌害发现。因此，它又得了一个雅号：拟猴，意思就是它可以模拟绿色植物，躲避天敌伤害。

蜂猴又被称为猿猴类，是灵长类进化中相当原始的种类。也许因为太懒了，懒得连逃跑的"运动"都不做，所以尽管它有模拟"绝活"，数量还是不断锐减。目前只有在东非和南亚，才保留下为数不多的"遗类"。

蜂猴生活在热带、亚热带的密林中，这些地方天敌较少，气候温暖湿润，四季如春，到处都是四季长存的草食树果，触手可及，张口可食。人们说，这才养成了它懒得不能再懒的生活习性。可见，过于优裕的生活条件，无论对人还是动物，都是有害的。

蜂猴每次只生一胎，偶尔也有双胞胎的。所幸的是，它还没有懒到连孩子也懒得生。否则，这一物种可就真是绝灭了。

不过，就如俗语说的"物以稀为贵"，由于蜂猴存世数量不多，反而使它跃身于珍稀动物之列，成了身价不凡的被保护对象，对蜂猴来说，这也算是不幸中之大幸了吧！

最原始的哺乳动物

最原始的哺乳动物是鸭嘴兽，成兽身上长毛，体腔内有膈，母体腹面有乳腺，仔兽靠母体哺乳长大，确实符合哺乳动物用乳汁哺育幼仔的准则。然而，鸭嘴兽并不具备哺乳动物"胎生"这个重要特征，它还是像爬行类、鸟类那样产卵孵化幼仔，成了独特的卵生哺乳动物。

鸭嘴兽身长 0.5 米左右，体外被有柔软的褐色密毛。吻部扁平，形似鸭嘴，嘴内有宽的角质牙龈，但没有牙齿。四肢各有五趾，趾间连有薄膜似的蹼。尾大而扁平，占体长的 1/4，在水里游泳时起着舵的作用。

鸭嘴兽是一种非常奇特的小哺乳动物，母体虽然也分泌乳汁哺育幼仔成长，但却不是胎生而是卵生。即由母体产卵，像鸟类一样靠母体的温度孵化。母体没有乳房和乳头，在腹部两侧分泌乳汁，幼仔就伏在母兽腹部上舔食。鸭嘴兽能潜泳，常把窝建造在沼泽或河流的岸边，洞口开在水下。取食时潜入水底，用嘴探索泥里的贝类、蠕虫及甲壳类小动物。

哺乳动物从老鼠到人类，都是胎生并用自己的乳汁哺育孩子。爬行动物和鸟类是卵生的，但是，鸭嘴兽却完全与众不同，竟然是一种产蛋的哺乳动物。到了繁殖期，成年鸭嘴兽会在河岸上用前脚上的宽指甲挖一个特殊的洞。洞大约有 30 米长，里面有一个或多个小巢。雌鸭嘴兽会产下 2 只或 3 只软壳蛋，10 天后幼仔被孵化出来。从这以后，它们的行为就越来越像哺乳动物了：幼鸭嘴兽吃母亲的奶，直

鸭嘴兽

到它们长到可以离开洞穴。

鸭嘴兽是肉食动物，捕食昆虫和其他一些生活在流动的小溪与河底的小动物。在水下，鸭嘴兽闭上眼睛，用它那柔软而敏感的嘴在泥浆里掏摸着找寻食物。鸭嘴兽游泳能手，用前肢蹼足划水，靠后肢掌握方向。鸭嘴兽是极少数用毒液自卫的哺乳动物之一。在雄性鸭

鸭嘴兽

嘴兽的膝盖背面有一根空心的刺，在用后肢向敌人猛戳时它会放出毒液。

鸭嘴兽分布于澳大利亚和塔斯马尼亚。属半水栖生活，为淡水中的捕食动物。体重在 0.6~2.1 公斤之间，周身披有密毛，腹毛多绒。眼及耳位于皮肤皱褶处，当沉入水中时，皮褶紧闭，可以防止水的进入。足上有蹼，而且有爪，既利于游泳又利于挖洞。

在行走或挖掘时，蹼反方向褶于掌部。雄性踝部有长约 2.5 厘米的角质距，与毒腺相连。人若受毒距刺伤，即引起剧痛，以至数月才能恢复。脑颅与针鼹相比较小，大脑呈半球状，光滑无回。幼体有齿，但成体牙床无齿，而由能不断生长的角质板所代替，板的前方咬合面形成许多隆起的横脊，用以压碎贝类、螺类等软体动物的贝壳，或剁碎其他食物；后方角质板呈平面状，与板相对的扁平小舌有辅助的"咀嚼"作用。栖于多种水环境，包括山涧、死水或污浊的河流，湖泊和池塘，是水底觅食者。每次大约有一分钟潜水期，捕食水生有壳动物、昆虫幼虫及其他多种动物性食物和一些植物。它在岸上挖洞作为隐蔽所，洞穴与毗连的水域相通。

鸭嘴兽分布在澳大利亚南部及塔斯马尼亚岛，是现存最原始的哺乳动物，是形成高等哺乳动物的进化环节，在动物进化上有很大的科学研究价值。

鸭嘴兽在学术上有重要意义，但因追求标本和珍贵毛皮，多年滥捕而使种群严重衰落，曾一度面临绝灭的危险。澳大利亚政府已制定保护法规。

冬眠时间最长的动物

在严寒的冬季，冰封的地面长不出绿草，树枝干枯，动物的食物极度缺乏，许多动物为了适应这种恶劣的环境，不能不卷曲洞内渡过这漫长的日子，这就是冬眠。冬眠时，它不吃不喝也不动，呼吸几乎停止，身体变得僵硬，这时候外界的任何声音都不能够吵醒它们。动物在进入冬眠期之前，它们四处寻找食物，然后把自己吃的饱饱的，养的胖胖的，为冬眠做好身体和精神准备。

动物的冬眠期，因品种不同而各异，有的冬眠较短，有的则很长。冬眠时间最长的动物是睡鼠，一年中有 5~6 个月在酣睡。（从 10 月到 4 月）的时间处于冬眠状态。据报道，英国有一只睡鼠竟酣睡了 6 个月 23 天，可谓世界上冬眠最长的动物了。

睡鼠的形象曾在英国著名童话《艾丽丝漫游奇境记》里的一场疯狂茶会中出现，成为世界儿童熟悉的动物。正如童话所描述的那样，白天的大多数时间里睡鼠都在睡觉，因此参与这项搜寻活动的人难以直接找到它们，只能通过寻找睡鼠啃食过的榛子等坚果来判断。

睡鼠的样子很像松鼠，四肢短小，小小的身体拖着一条多毛的尾巴，一般生活在森林或灌木丛中，平时以树木等植物的干果和种子为食。

睡鼠在形态与构造上，介于鼠科与松鼠之间，它们的共同特点是，身体小

正在睡觉的睡鼠

睡鼠

（60 至 190 毫米长）、前肢短、眼睛大、耳朵大而圆、尾巴多毛、有长须、无盲肠。它们是树栖类动物，都数筑巢在树洞中。白天在树洞或丛林中睡觉，晚上外出觅食。主要吃浆果、坚果、谷粒等物，有时也吃一点虫类。

睡鼠共有 28 种，其中最小的生长在非洲、亚洲和欧洲。睡鼠们吃得很多，通常睡鼠的体重在时序入秋时，大约介于 15 至 22 克；但是在冬季来临正式进入冬眠前，睡鼠体重会急速上升至 25 至 40 克重。体内预存的脂肪和能量让睡鼠在睡眠中安然渡过漫长严冬；当来年春天来临，体重又会回复到初秋时的正常体重。

一只睡鼠的寿命只有五年，它们生命中有四分之三的时间都在睡觉，所以无论是小睡鼠，还是睡鼠妈妈，都必须在最短的时间里储备足够的脂肪，以维持漫长的冬眠生命所需的能量。

动物保护专家说，睡鼠因擅长爬树，喜在树枝上跳跃，又被称为"跳跃之王"。睡鼠通常生活在落叶阔叶树林或灌木丛中，由于这些栖息地遭到破坏，英国许多地区已难觅睡鼠的踪影。

最凶狠的鸟

世界上最凶猛的鸟是美国的秃鹰，体长 1.2 米，习性凶猛残暴。几十只秃鹰在一起啄食一头牛，3 个小时就可以把它吞掉；一头骡子要不了两个小时就可以吃光。

这种秃鹰是北美一种有着黑色的身体和翅膀，白色的头和尾巴。在 1782 年这种鹰被设计为美国国家的象征。在那个时候这种鹰大概有 9000 只。他们长得很漂亮，有着桔黄色的爪子。

这种鹰生活在北美，在山区，可以看见他们的家。它们吃鱼，所以常常在水边捕鱼，它们是捕鱼高手。他们的窝一般是由泥和嫩枝做成的。

象 DDT 之类的杀虫剂严重破坏着猎鹰的生活环境，许多的鸟类，也包括猎鹰遭受着这种伤害。DDT 是猎鹰的主要生存威胁。（DDT 就是二氯二苯三氯乙）农夫们将 DDT 喷洒在农作物上。这些 DDT 将流入水里而使鱼有毒。秃鹰吃这些有毒的鱼，这使得秃鹰也走向灭绝。秃鹰现在面临的生活环境十分的恶劣。

人们通过将他们圈起来使它们存活下来，不至于走向灭绝。另外一些解决方法是通过更加严酷的法律，禁止偷猎秃鹰、使用化学农药。人们写信给立法者和各种组织，呼吁他们也一起参与保护秃鹰。

美国的动物保护人员，为了保护濒临绝种的加州秃鹰，可以说是煞费苦心，他们为了人工来帮忙这些野生

正在巢中孵卵的秃鹰伉俪

的秃鹰孵蛋，还特别制作了"假秃鹰蛋"来冒充，以免被这些秃鹰妈妈发现。加州秃鹰的翅膀张开后有三米宽，是北美洲最大的鸟类，一个世纪以来，加州秃鹰的数量从 600 只减少到 200 只，为了让秃鹰不至于绝种，保护人员费尽心思。

秃鹰

洛杉矶动物园和联邦的保护动物官员合作，在 1995 年把人工养殖的三只秃鹰，野放到国家公园，并且追踪观察。不久前，保护人员发现，母秃鹰终于下了两颗蛋，为了安全起见，他们决定用人工孵育，也用陶土做了假蛋，放回秃鹰的窝。经过两个星期的人工小心照顾，蛋里面的小秃鹰已经长成，呼之欲出，于是保育人员又小心翼翼的爬下峭壁，把真蛋放回秃鹰的窝。几天后，小秃鹰终于孵出来了，这是 17 年来，第一次有非人工养殖的秃鹰诞生，意义重大，秃鹰的保护工作，进入新的里程碑。

最耐寒的鸟

在南半球有一种飞翔能力完全退化的鸟，那就是企鹅。而且，它还是世界上最耐寒的鸟类！

南极洲是一片神奇的大陆，它终年被白色的冰雪覆盖。只有沿海7%左右的陆地在夏季露出岩石。南极洲是一个冰封的世界，在那里，冰层的平均厚度约2公里。科学家指出，南极洲的总体量是2867.2万立方公里，占世界总冰量的90%，因此，很多人称南极是地球上的冰库。在这茫茫冰原上，气候条件极其恶劣。每年的4～10月是南极的冬天，这时沿海地区的平均温度 -20℃到0℃，在内陆达到 -40℃到 -70℃。1960年8月24日，南极洲某地的气温曾达到 -88.3℃，创下世界最低气温的记录。即使在夏季，南极洲沿海地区平均气温也只有0℃，内陆的平均气温是 -20℃～ -30℃，这是一个风雪弥漫的夏天，企鹅就生活在这极其寒冷的环境中。

企鹅为了对抗零下的摄氏度的寒冷，它们会把身体紧靠成一堆，避免体温散失。雌企鹅把蛋保护在双脚间，并藏在孵鳍下。企鹅的肌肉在零下30摄氏度的酷寒中，仍能有规律地控制孵化温度。雄企鹅急着要孵蛋，但雌企鹅却依依不舍，最后雌企鹅态度软化，迅速把蛋交给雄企鹅。从这时起，雄企鹅开始令人难以置信地守夜，而雌企鹅必须远赴海洋觅食。

8月，在无尽的寒冷中，企鹅卵经过9个星期，终于孵化出新生命。雄企鹅在4个月的绝食期间，只靠吃雪来维持体内的水分。虽然每只雄企鹅都饥肠辘辘，但却以嗉囊内的油脂分泌物来喂食小企鹅。等到小企鹅长到3个月的时候，羽翼渐丰，开始能够离开父母温暖的怀抱。气温下降，小企鹅也会挤在一起取暖，这是企鹅代代相传的生存本能。企鹅能在地球上环境最恶劣

企鹅

的地方生存并繁衍下一代，它们无疑是这块白色荒漠上的贵族。

企鹅是适应于潜水生活的鸟类：企鹅的身体结构为适应潜水生活而发生很大改变，其翅特化成潜水时极有用的鳍状翅。企鹅的骨骼不像其他鸟的骨骼那样轻，而是沉重不充气的。同其他飞翔能力退化的鸟类不同，企

企鹅

鹅胸骨发达而有龙骨突起，相应地，企鹅的胸肌很发达，它们的鳍翅因而可以很有力地划水。企鹅的体型是完美的流线型，它跟海豚非常相似。它们的后肢只有三个脚趾发达，"大拇指"退化，趾间生有适于划水的蹼，游泳时，企鹅的脚是当作舵使用的。

企鹅的羽毛跟其他鸟类不同，羽轴偏宽，羽片狭窄，羽毛均匀而致密地

着生在体表，如同鳞片一样。这样的身体结构，使企鹅潜水游泳时划一次水便能游得很远，耗费的能量很少，效率自然很高。据科学家们观察，企鹅的游泳速度可以达到每小时 10～15 公里，在水下可以潜游半分钟不换气。它们还常常在水中跳跃，因此很多人把企鹅说成是"在水中飞行的鸟"。

企鹅在逃避天敌时，常常跳出水面，每次跳出水面可在空中"滑翔"1米多。有时它们会跳上浮冰躲避天敌。鸟类学家的研究还揭示出一个有趣的事实，不会飞的企鹅跟最善飞的信天翁有共同的祖先，它们都有角质片构成的嘴，而大多数鸟类的嘴都是由完整的角质鞘构成的。经过无数世代的进化，企鹅变成鸟类中的"潜水艇"，而信天翁则变成了"滑翔机"。据化石记载，企鹅在始新世时种类繁多：当时，全球气候温暖，南极洲有茂密的森林，动物资源十分丰富。随着气候逐渐变冷，企鹅的种类渐渐变少，有的已经绝迹。

如今，全世界生存的企鹅共有 15 种。其中，除了加拉帕戈斯企鹅生活在赤道附近的加拉帕戈斯群岛及附近海域外，其他企鹅都分布在气候较寒冷的海滨。在人们的印象中，企鹅似乎全部生活在寒冷异常的南极，而实际上，它们中的大多数只是在亚南极水域的岛屿上繁殖，冬季在非洲南部、澳大利亚、新西兰和南美洲较寒冷的海域越冬。只有阿德利企鹅和帝企鹅栖息在南极本土，但阿德利企鹅在冬季也往北方迁移，在不封冻的土中寻找食物。

企鹅的耐寒本领在鸟类中可以说是首屈一指的，所以它们常常作为冷的标志被画在冷藏车上，在炎热的夏季给人带来凉爽的联想，同时也使人们熟悉了它那憨态可掬的形象。企鹅长期以来被人们视为南极的象征；随着人类对南极日益深入的考察和开发，企鹅的秘密渐渐地被揭示出来。

最古老毛颚动物化石

中科院南京地质古生物研究所陈均远教授和他的学生黄迪颖在云南昆明附近发现了迄今最古老的毛颚动物化石，并将其研究成果发表在 2002 年 10 月 4 日出版的美国《科学》杂志上。这一发现为现代生物多样性在寒武纪早期就形成这一科学推断提供了新的依据。

据悉，自 1984 年发掘以来，云南昆明附近和澄江等地的动物化石群研究已经取得了很多重要成果，这里为揭示寒武纪生命大爆发事件，即为生命起源和早期生命演化研究提供了独一无二的科学窗口，从而引起了国内外的广泛瞩目。

这次在昆明海口寒武纪早期地层发现的毛颚化石标本十分完整，2.5 厘米长，包括头、躯干和尾，头区外边缘具许多镰刀状颚刺，口边缘是小型齿状

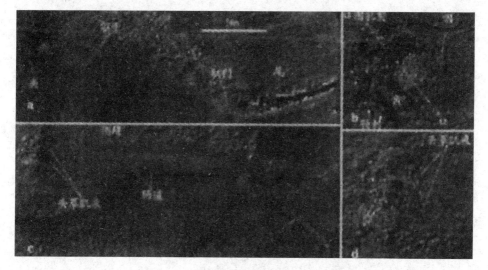

最古老毛颚动物化石

构造，躯干前端有一对头罩的肌痕，具侧鳍，形态和大小均与现生箭虫相似。这种相似性表明，在 5 亿多年漫长的岁月里，生命树这一孤枝形态上几乎没有发生重要的变化。有趣的是它在头部和尾部均具有肌丁质的表皮，这一特征也可与现生箭虫类进行对比。

据悉，毛颚动物为自由游泳的食肉性海生动物，只有数厘米长，最大只有 15 厘米。毛颚又称箭虫，它是生命树中非常奇怪的一个主分支。毛颚动物是现生动物 35 个门中的一个门，尽管它只有 120 种，但在海洋生态系统中扮演着十分重要的角色。之前的毛颚化石仅发现于石炭纪，比这次发现的晚了 2 亿年。

毛颚类体制十分与众不同，它三分的躯体和胚胎的分裂方式与包括脊椎动物在内的后口动物相似，但体腔的起源方式则与另一动物类别即原口动物相似。关于毛颚类基本体制，特别是早期发育方式为何会这样奇怪的原因，目前还无法回答。

最早的鸟

最早的鸟类化石，迄今已发现了六个个体，而且保存完好，这些鸟化石，即"始祖鸟"，这是世界上最早的鸟。

它们出现于晚侏罗纪，距今 1 亿多年了。自 1861 年发现第一个化石标本，至今只发现于德国巴伐利亚索伦霍芬附近的印板石灰岩中。当时，这里是一个热带浅水珊瑚礁泻湖，偶然的机会，始祖鸟跌落在水中，保存为化石。由于这里的石灰岩质地致密细腻，适于石印材料，因此成为一个采矿坑。

第一个标本在 1861 年于坑深 20 米处采到，骨架完全，羽毛秀丽，形象逼真，前翼有爪的残留，尾椎骨很长，嘴内长有牙齿，因此显示了爬行类向鸟类进化的过渡性质，成为生物进化史的难得的实例和辩证唯物主义的好材料。

关于鸟类的进化，有一派观点认为，鸟最早是用四个翅膀滑翔的，只是后来才进化成骨骼轻巧、拍动双翼的飞行高手，如我们今天所见。这一理论最近得到了对始祖鸟化石最新研究结果的支持。研究表明，始祖鸟的背和腿如翅膀一样，也长有长羽毛。

始祖鸟化石在鸟类化石中最有名，这次研究使用的是人类最早在 140 年前发现的始祖鸟化石，目前保存在德国柏林洪堡博物馆。据英国《新科学家》杂志网站近日报道，丹麦哥本哈根大学动物学家佩尔·克

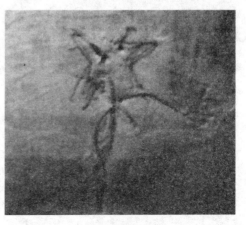

始祖鸟化石

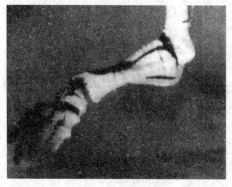

始祖鸟脚骨

里斯蒂安森和哥本哈根地质研究所古生物学家尼尔斯·邦德经标本分析认为，始祖鸟在背、腿以及可能在脖底处长有廓羽，而且这些廓羽与现代鸟类相似。两位科学家的分析结果证实了此前关于这只始祖鸟后腿长有羽毛的说法。

2003 年 10 月，加拿大卡尔加里大学的一位研究生在《新科学家》杂志上发表报告，称柏林始祖鸟的腿长有 3～5 厘米长的羽毛，并认为这些羽毛太短不能用于飞翔，可能是始祖鸟的祖先有四个翅膀，这些羽毛是其后翼的残留物。

2003 年年初在中国辽西出土的小型食肉恐龙化石也有力地支持了最原始鸟类使用四翼滑翔的观点。这一被称为"顾氏小盗龙"的恐龙化石显示，其四肢均覆盖有飞行用的羽毛。

顾氏小盗龙的出现晚于始祖鸟 2000 万年，是现知与鸟类关系极为密切的最古老两脚食肉恐龙。克里斯蒂安森指出，事实上，始祖鸟除了长臂，其余骨骼不是与鸟类而是与小型食肉恐龙相同。

从顾氏小盗龙的发现和对始祖鸟腿上羽毛的分析，两位丹麦科学家还得出结论说，与飞行有关的进化过程是从羽毛开始的，而使鸟强壮善飞的那些骨骼上的变化，如鸟类典型的肩关节、有力的腕关节、短背和短尾，都是后来逐渐发生的。《新科学家》网站说，美国康涅狄格州大学的鸟类进化专家阿兰·布拉什也同意这一观点。

鸟类化石极其少有，要解决有关鸟类进化的问题需要发现和研究更多的化石。目前，始祖鸟化石仍然是已知最古老的带有羽毛的恐龙化石。全世界发现的 6 具始祖鸟化石中，只有 3 具身体上存有羽毛，而其中 1 具已丢失。

最小的鸟

在群芳吐蕊的花丛中，一只小鸟翩翩而来，在一朵红花前戛然而止，它并不落在花的枝杈上，而是像直升飞机一样悬停在空中，利用修长的喙，小心翼翼地采食花蜜，然后了无痕迹地悄然而去。这就是蜂鸟，一种西半球特有的鸟。

全世界约有300余种蜂鸟，其中大多数生活在南美洲热带雨林。蜂鸟有3种飞行绝技：倒退飞行、垂直上升和下降、停留在空中原"地"不动。

蜂鸟是世界上最小的鸟类，大小和蜜蜂差不多，身体长度不过5厘米，体重仅2克左右，主要分布在南美洲和中美洲的森林地带。由于它飞行采蜜时能发出嗡嗡的响声，因而被人称为蜂鸟。

蜂鸟种类繁多，约有300多种，羽毛也有黑、绿、黄等十几种颜色，十分鲜艳，所以有"神鸟"、"彗星"、"森林女神"和"花冠"等称呼。蜂鸟身体娇小，羽毛华丽，具有非凡的飞行本领。它的翅膀非常灵活，每秒钟能振动50～70次，飞行的速度很快，时速可达50公里，高度有四五公里。人们往往只听到它的声音，看不清它的身影。蜂鸟在百花盛开、草木繁茂的季节外出寻找食物，以吃花蜜和小昆虫为生。

蜂鸟在树枝上造窝，鸟窝造型别致，做工精细，是用丝状物编织而成的，看上去就像悬挂在树枝上的一只精巧的小酒杯。雌性蜂鸟每次产卵一两枚，只有豆粒般大小，每枚重量仅0.5克，大约200个蜂鸟蛋才有一个普通鸡蛋那么大。鸟卵孵化期为14～19天。小蜂鸟出生约20天后，就能飞出鸟窝觅食，开始独立的野外生活。

蜂鸟是怎样飞行并在空中悬停的？70年前，鸟类学家在野外用高速摄影

如此之小的蜂鸟

机拍摄了大量蜂鸟飞行的影片，再用正常速度放映，蜂鸟的飞行动作便被放慢。从这些影片中可以看到，飞行时，蜂鸟的翅膀在身体两侧垂直上下飞速扇动；悬停在空中时，蜂鸟的翅膀每秒扇动 54 次；在垂直上升、下降或前进时，每秒扇动 75 次。蜂鸟就是靠翅膀快速扇动飞行和悬停的。根据这些影片，人们一直认为，蜂鸟在盘旋飞翔时，采用的是昆虫的飞行方式。

然而，美国俄勒冈州立大学科学家的一项新的研究表明，蜂鸟的飞行方式兼具昆虫和普通鸟类的特点，这一飞行方式被人类误解了近 70 年。蜂鸟飞行方式介于昆虫和普通鸟类之间。

俄勒冈州立大学的科学家报告说，他们通过观察蜂鸟飞行时周围气流漩涡变化研究其飞行方式。科学家首先训练蜂鸟在一个固定位置盘旋，同时从装有糖液的注射器中取食，然后在蜂鸟飞行的空间加入由微小橄榄油粒形成的"薄雾"，并用激光射线从各个角度照射蜂鸟周围，每隔 1/4 秒拍摄两张照片，捕捉油粒的分布形态。从油粒的分布看，蜂鸟在上下拍动翅膀的同时会将身体上抬，翅膀向两边展开。科学家发现，为了获得升力，蜂鸟每次扇动翅膀时都将翅膀部分折叠，使之指向正确的方向，它飞行时翅膀的姿势其实与游泳者踩水时手臂的动作类似，只是频率要快得多。

科学家指出，其他鸟类飞翔时所需的升力全部来自翅膀下扇；昆虫飞翔的升力有一半来自翅膀下扇，另一半则来自翅膀上扇；而蜂鸟飞翔的升力有 75% 来自翅膀下扇，25% 来自翅膀上扇。从空气动力学的角度判断，蜂鸟的飞行方式介于昆虫和普通鸟类之间。

科学家说，这一发现有助于加深人们对鸟类空中盘旋技术进化的理解。蜂鸟虽与昆虫不同宗，但似乎学会使用鸟类的翅膀做出昆虫飞行的动作。鸟翅能伸缩、弯曲和拱起，这是僵硬的昆虫翅膀做不到的。

最大的鸟

鸵鸟属恐龙时代的动物，是世界上最大的鸟，具有很高饲养价值，其特点是：繁殖生产快、饲养成本低、经济价值高。鸵鸟是从国外引进的畜牧种，其繁殖与饲养技术都是国内的科技人员在借鉴国外经验的基础上自主开发的，并在生产实践中不断总结提高，向科学化、规范化饲养发展。现在我们已经基本掌握鸵鸟饲养管理技术。

鸵鸟卵生，蛋重约 1.5 公斤，在人工控制的环境中经过 3～44 天的孵化，雏鸵鸟就可出壳。雏鸵鸟在三月龄之前，由于自身各种机能发育不健全，因此必须创建一个良好的生活环境，使雏鸵鸟安全、健康地渡过三个月的育雏期。三月龄以上的鸵鸟各种机能发育健全，进入正常饲养管理期。

鸵形目中包括非洲鸵鸟、美洲鸵鸟、澳洲鸵鸟、鹤鸵等。因非洲鸵鸟生长快、繁殖力强、易饲养和抗病力强，所以国内外养殖的基本都是非洲鸵鸟。它在鸵形目中属鸵鸟科，鸵鸟属，非洲鸵鸟种。种是动物分类学中的基本单位，而品种则是畜牧学上的概念，主要是人工选择的产物。

猪、马、牛、羊等家畜的驯养历史可以上溯到旧石器时代末、新石器时代初。经过六七千年的驯化培育，形成了具有独特的经济有益性状，能满足人类的一定要求，对一定的自然和经济条件有适应性的不同品种。野生动物中只有种与变种，没有品种，非洲鸵鸟被人类驯养的历史才 100 年，形成较有规模性养殖也就是最近二三

成群的鸵鸟

走路的鸵鸟

十年的事，所以人工养殖的鸵鸟只有3个品种，即蓝颈鸵鸟、红颈鸵鸟和非洲黑鸵鸟。

在辽阔平坦的非洲大草原上，个子高是一大优点，因为当敌人接近时很容易就能看见。像长颈鹿一样，鸵鸟可以说是一座行走着的瞭望塔。它的脖子占了整个2.4米身高的一半。成年鸵鸟瞭望不是为了自身的安全，而是为了保卫它的蛋和雏鸟，因为幼鸟常处于胡狼及其他敌人的威胁中。

在交配前，雌雄鸵鸟会举行一次求爱仪式。它们一起进食，合拍地抬头和低头，然后雄鸟再向雌鸟表示爱意。它会坐下来，身体左右摇摆，炫耀它那白色的羽毛，再把脖子扭成螺旋状以示爱。几只交配后的雌鸟会将蛋产在一个巢中，然后由一只占统治地位的雌鸟照看这些蛋。

一只成年鸵鸟每小时能跑64公里，它用强壮脚爪来保护自己。它的长腿和长脖子上没有羽毛，这样使身体更易散热。而身体过热对于生活在炎热地区的大体型动物来说，是一个很严重的问题。

一个鸵鸟家庭。雏鸟刚孵化出来时有30厘米高。它们几乎马上就能奔跑。父母会故意用夸张的动作把敌人从它们身边引开。

鸵鸟生活在非洲，世界其他地方也有别的不会飞的巨鸟：在南美洲有美洲驼，在澳大利亚则可以见到鸸鹋。因为它们有相似的生活方式，所以它们的体形也进化得很相像。

飞得最快的鸟

飞得最快的鸟是尾部有脊骨的褐雨燕，关于它的时速有两种报道，1942 年苏联报道时速为 170.98 公里；而 1934 年，在印度东北卡查山地区的一次 3.22 公里的飞行中，用秒表测出这种褐雨燕的时速高达 276.47～353.23 公里。

雨燕和一般秋去春来的燕子大不相同，前者为小型攀禽，其最大的特点之一是 4 个脚趾全部都朝前；后者为鸣禽，足趾三前一后，两者分别属于两个不同的目。

雨燕的种类很多，中国共有 7 种，其中最常见的是北京雨燕，常集成大群于高空疾飞捕虫，营巢于一些中国式大屋顶的古建筑阁楼里，故又有楼燕之称。另一种金丝燕，在繁殖期以唾液腺分泌物筑巢，巢即为著名的滋补品"燕窝"。这些都是飞得极快的鸟类。每到雷雨之前，它们更加活跃，常常尖声连叫，箭也似的直插云端，勇敢地迎接暴雨的来临。

雨燕是长距离速度飞行的冠军。但有些猛禽，如鹰隼一类的隼形目，在俯冲捕食的那一瞬间，其速度也是惊人的，时速常可达 297 公里以上。此刻，你就能听到由于隼的疾飞，翅膀扇动空气而发出的嗖哨声。另有一种距翼鹅，它在水平飞行时，时速为 96.6 公里，而在俯冲逃命时，时速可达 141 公里以上，所以猎人很难击中它。

雨燕夏季分布于我国北部一带，越冬在印度和非洲东部。雨燕是著名食虫鸟类，种类很多，在我国最常见的是楼燕，别名北京雨燕，俗称野燕。它

小白腰雨燕

龙针尾雨燕

的体形很像燕，只是比燕子大，身体羽毛都是黑褐色。有一对特别狭长的翅膀，飞行时向后弯曲，犹如一把镰刀。

它们大多集飞在近山地带。天雨时，常结群翔飞于高空中绕成圈状，动作一致，历久不停。叫声亦相似。它所吃的东西，据苏联1956年资料，白腰雨燕喂养雏鸟的次数一天约20次，可见它一次带回许多虫子。在阿尔泰山上猎得1只育雏的白腰雨燕，在它的嘴里，拣出372只小型昆虫，其中有12只大蚊子，许多小形蝇类、蚊子蚜虫。它在一天喂雏20次，可捕得7千多只昆虫，而在整个比较长的喂雏期内，就不下于25万只了。这些昆虫若排成一条线，长度可达一公里。

白腰雨燕的繁殖期在5～8月，通常结群在山洞里或海中岩礁或孤岛的悬崖峭壁上营巢，在云南开远大田山附近有个燕子洞，是在山下的一个岩洞，洞高约40米，阔约20米，深度据了解有1500米以上。每年夏天有几百成千的白腰雨燕在此繁殖。广东怀集的燕岩数量更壮观，每年清明节前后数以万计的白腰雨燕集体出入时汇成像河流，已辟为旅游景点。

雨燕的巢以草茎、竹叶、须根、残羽及其他碎屑等作材料，用亲鸟的口涎粘着，一般呈圆杯状，但不易接触到。巢的平均大小为：外径110毫米，内径65毫米，高度36毫米。据了解，这些燕子的巢经蒸后用清水将污物洗除，如此重复两次，可拣出"燕窝"，每巢至少可得3克左右，平均1.5克多。每年从这一山洞所采的燕巢可精制出百余斤燕窝，即商品名为龙牙燕。

由于它们广布国内，在繁殖期中觅食大量的害虫，益处很大。同时巢可制成燕窝，也有相当的经济价值。为了保护它们，采巢应候它们产卵育雏后进行，这样才不会影响它们的繁殖。

飞得最快的鸟

北极鸥分布于环北极地带；我国东北各地，河北、山东、江苏及广东有记录。常成小群或成对活动在苔原湖泊、海岸岩石和沿海上空。飞翔能力强，亦善游泳，在地上行走亦很快。主要以鱼、生水昆虫、甲壳类和软体动物等为食，也吃雏鸟、鸟卵。繁殖期也常在苔原陆地上捕食鼠类。

繁殖期5~8月，3龄时性成熟，通常成对繁殖。营巢于临近海岸的河流于湖泊岸边和苔原地上。巢多置于靠近水边的悬崖上或平地上。雌鸟也一同参与营巢。每窝产卵2~3枚。卵的颜色为橄榄褐色，被有暗色斑点。卵长径7.0~9.0厘米，短径4.8~6.3厘米。孵化期27~28天，雌雄轮流孵卵。

北极鸥习惯于白昼生活，每当南极黑夜降临的时候，便飞往遥远的北极，因为北极与南极相反，这里正是白昼，每年6月在北极地区生儿育女，到了8月便带着儿女飞到南方，12月到达南极附近，逗留到翌年3月份，每年远飞40000多公里，是鸟类中飞得最远的。

北极鸥身长30~38厘米，体重300克，寿命约20年，因迁移的距离最长而闻名。它来往于南极和北极之间，每年迁移的路程相当于绕地球一圈多。出生在北极的雏鸥从母鸥那里学会飞翔后，一到寒冷的冬天，就跟着母鸥一起飞往南方。它们在飞往南极的途中，以小鱼、磷虾、水蚤为食。大部分雏鸥停留在南极直到两岁为止，便重新迁回出生地——北极，没有母鸟或其他鸟的保护，就能准确无误地到达。在没有任何

北极鸥

飞翔的北极鸥

帮助的情况下，雏鸟们是如何历经数万里而准确回到故乡的？到目前为止，仍然是鸟类学家们的未解之谜。

通过无数科学家们的研究，得出几种假设：第一，根据地形学的特征，就是凭借记忆重要地形或气流的方向而迁移。第二，白天通过太阳辨别方向，夜晚以星星为向导。第三，利用地球经纬线形成的磁场，通过大脑中的生物指南针来确定位置和方向。第四，闻到各地区独特的味道，记忆后并顺着味道迁移。

优秀的科学家们为了解开这个谜团，大量地研究，却仍然没有得到相对有说服力的理论。科学家们对于凭借记忆重要地形的理论有所怀疑，就给鸟戴上帖眼透镜后放飞。那些鸟在看不见的情况下依旧能准确地飞回目的地。白天以太阳，晚上以星星为向导的学说没有说服力的理由是，太阳和星星的体积比地球大得多，同样的时间内，在地球任何地方看它们都在同样的位置上。即使因地球自转，也只能提示东西南北方向。为了证明受地球磁场影响的学说，就让鸟在不受磁场影响的情况下飞行，它们依然可以飞到目的地。按照气味迁移的理论，大雁可以闻着大酱汤的味道飞回韩国，简直是荒诞无稽的想法。

飞得最高的鸟

天鹅是一种大型水鸟，长着优雅的长颈。白天鹅羽毛纯白，有着黑色的喙，喙基黄色。黑天鹅通体黝黑，红色的喙和零星的白羽使黑天鹅富神采。

天鹅是一种候鸟，它们栖息于湖边和沼泽地中，冬天为了寻找食物而结队向南方迁徙，飞的天鹅长颈平直，微微上扬，双翼优雅地扇动，每年定期以9144米的高度飞越珠穆朗玛峰，是世界上飞得最高的鸟。

天鹅属鸟纲、鸭科。在整个天鹅的大家族中，我国有大天鹅、小天鹅、疣鼻天鹅。它们都是世界著名的观赏鸟。天鹅是一种冬候鸟，喜欢群栖于湖泊、沼泽地带，主食水生植物。每年三、四月间，它们大群的从南方飞往北方，在新疆、内蒙古、黑龙江、青海等地产卵，繁殖。一过十月，天气变冷，

天鹅

它们又携老带幼结队南迁。大天鹅遍体雪白，只是头部稍粘棕黄色，嘴呈黑色，上嘴基部两侧的黄斑前伸至鼻孔之下。小天鹅只是体型比大天鹅略小，上嘴基部两侧的黄斑没有前伸至鼻孔之下。疣鼻天鹅的嘴呈赤红色，前额上生有黑色的疣突。天鹅一般成对活动，一雌一雄亲密相处。如果一方遇难，另一只会在尸体的上空盘旋，悲伤而死。

大天鹅又叫咳声天鹅、喇叭天鹅、黄嘴天鹅等，体长 120～160 厘米，体重 6500～12000 克。全身的羽毛均为雪白的颜色，只有头部和嘴的基部略显棕黄色，嘴的端部和脚为黑色。它的身体肥胖而丰满，脖子的长度是鸟类中占身体长度比例最大的，甚至超过了身体的长度。腿部较短，脚上有蹼，游泳前进时，腿和脚折叠在一起，以减少阻力；向后推水时，脚上的蹼全部张开，形成一个酷似船桨的表面，交替划水，如履平地。它还常常用尾部的尾脂腺分泌的油脂涂抹羽毛，用来防水。大天鹅身上的羽毛非常丰厚，有人计算过它全身的羽毛有 25216 根，所以可以有效地抵抗严寒的气候，在零下 36～48℃的低温下露天过夜也能安然无恙。

大天鹅的喙部有丰富的触觉感受器，叫做赫伯小体，主要生于上、下嘴

飞翔的天鹅

尖端的里面，仅在上嘴边缘每平方毫米就有 27 个，比人类手指上的还要多，它就是靠嘴缘灵敏的触觉在水中寻觅水菊、莎草等水生植物，有时也捕捉昆虫和蚯蚓等小型动物为食。

大天鹅是一种候鸟，没有亚种分化，春秋两季在我国北方、俄罗斯西伯利亚等繁殖地和我国长江流域及以南的越冬区之间进行迁徙。每年 4 月，当北方的水面刚刚冰消解冻的时候，几乎是在一夜之间，经过长途迁飞的大天鹅便成群结队地来到繁殖地。它们成双成对地降落在恬静的湖面上，有的结伴嬉戏，天真活泼；有的交颈摩挲，温情脉脉；有的以嘴理羽，悠闲自得；有的扎入水中，翩翩起舞，真是千姿百态，令人目不暇接。

天鹅在巢址的选择上也很讲究，大多筑于人、畜和其他兽类天敌难以到达的孤洲边的浅水中，或是筑在距离岸边较远、水流平缓的浅水中，水位要求稳定，周围长有高杆沼生植物，还要有大片的明水区。大天鹅的巢是水鸟中最大的，外径可达 2 米，用淤泥和杂草作基，使其形成碗状，上部垫衬着松软的苔藓、金鱼藻和芦苇叶等，巢位高出水面 0.5~1.5 米。巢间的距离都在 100 米以上，当地域较小时，有时也会侵占斑头雁等其他水鸟的巢。有趣的是，这时它们并不把其他水鸟的卵扔到巢外，而是同自己产的卵一起孵化。大天鹅每窝产 3~7 枚白色或象牙色的卵，大小约为 115×70 毫米，卵重大约为 330 克左右，最大的达到 427 克，这也是我国鸟类中最大的卵。

产卵后，雄鸟和雌鸟轮流进行孵化和警戒，如果有危险时，就发出警叫，并很快用树枝、绒羽等将卵盖好，隐藏起来，待危险过后再回来孵化。孵化期需要 30 多天，到 6 月初的时候，雏鸟就出壳了，它们身上披着洁白的绒毛，一双小脚却是桔红色的，嘴也不是黄色的，而是淡桃红色或肉色，体长为 27 厘米左右，体重大约为 198 克。由于可以从雌鸟的腹部得到油脂，雏鸟出壳后就能立即跟随亲鸟在巢边的水中游泳、觅食。等到雏鸟的绒毛渐渐变灰成色，脚的颜色也逐渐变浅，亲鸟就带领着它们进行试飞。到了秋季，成鸟要将飞羽全部脱掉，再换上新的飞羽。由于在换羽时期完全失去了飞翔的能力，很容易遭到天敌的袭击，所以大多隐藏到杂草丛生，水面成片，地形复杂，十分隐蔽的安全地带，就像已经神秘地销声匿迹了一样。10 月上旬，成鸟和幼鸟都已经全部换好了羽毛，具备了长途迁徙到越冬地的能力，大天鹅便开始分成小批陆续向南方飞去。最早迁离的是不繁殖的亚成鸟，携带幼鸟的成鸟稍晚离开，迁飞多在夜间进行，以免遭到猛禽等天敌的袭击，到 11 月底全部迁离繁殖地。

大天鹅的分布区非常广阔，而且无论是繁殖期还是越冬期，活动范围都与当年的气候因素有着密切的关系。如果气候温和，它的繁殖区域可以向北方扩展，繁殖的时间也可以提前一些；而在气温较低的年份，它的越冬区则可以到达长江流域以南的地区，寻找没有被冰封的水域，以便获取足够的食物。

大天鹅在全世界的数量估计尚有 100,000 只，但在我国近几十年来数量减少得很快，亟待加以严格的保护，现属于国家二级保护动物。

飞得最久的鸟

在沿海的沙滩上、在水田和旱地里、在草原和山地中，有一种不大的小鸟，体长仅230厘米。雄鸟通体深黑色，上体具金黄色斑点，雌鸟下体有白色斑点。它们常几十只一起活动。天生一对强有力的翅膀，飞行极其迅速敏捷。在地面活动时，喜急驰奔走，一会儿东，一会儿西，呈现出非常忙碌的样子。这种鸟叫"金鸻"，它有不少别名，如墨襟鸻、金背子、黑襟鸻、麻蛰等。

金鸻是一类胸部比较肥胖的海岸栖息鸟，属行目行科，全世界大约有36种。它们的身长在15～30厘米，长翅膀，中等长短的腿，短头颈。喙笔直，比它的头短一些。多数鸻鸟身体的上部清一色的褐色、灰色或者沙土色。下部白色。环鸻有白色的前额，脸部有两个黑色的环。

金鸻

多种金鸻经常在海岸和海滩上奔跑，寻找小型的水生无脊椎动物充饥。其他一些鸻鸟，如喧鸻，则在牧场和草地上寻找食虫的动植物来吃。鸻非常机警，一有风吹草动就展翅疾飞，逃之夭夭。它们的叫声像音调优美的口哨，根据叫声的不同可以区别它们的种类。鸻在地面上筑窝，每窝产 2~5 个有斑点的蛋，一般是 4 个。由父母双方轮流孵化。小鸟出世不久，就可以跟随父母到处跑。

　　金鸻是旅鸟，也就是说，它的繁殖地和越冬地均不在我国（在台湾可能是冬候鸟），途经我国的很多省份。在我国出现的这一亚种金鸻，它的繁殖地在苏联的西伯利亚东北部和北美洲的阿拉斯加。秋天来临，天气逐渐变冷，它们开始南迁，迁徙路线分成两条，有一些是沿着我国海岸线飞行，另一些从繁殖地向南不停留地飞越茫茫大海，经过 4000 公里的长途跋涉，在美国的夏威夷群岛作短暂停留，填饱肚子后，还要继续往南飞，方可到达它的越冬地区。还有一个亚种，它的繁殖地在北美洲的北部，秋天即将到了，分散在各地区的，都先后云集在北美洲东北部的哈得逊湾，南迁时，经其东南的拉布剌拉半岛，飞至西经 60°与北纬 50°处，然后向南一直飞约 3200 公里，到南美洲的委内瑞拉东北附近，由此再向南迁，抵达阿根廷东部的越冬区。

　　金鸻的这种不停歇地马拉松飞行，在鸟类中当推魁首。金鸻在孵卵时，还有一种有趣的习性，它们总是把在巢内的各个卵的尖头部分，向着巢心方向对在一起，一旦发现卵的位置有所错乱，一定要把卵恢复原有的排列后，方可继续孵卵。这样做的目的，很可能便于老鸟的身体全部接触到每个卵，给它们以均衡的体温，从而提高孵化率的缘故吧！

最能捕鱼的鸟

在我国很多地方，人们称鸬鹚为乌鬼，以形容这种鸟不像鲣鸟那样傻，而有着高超的捕鱼本领。

在我国，很早就有人开始驯养鸬鹚，并用它们捕鱼。在南方水乡，渔民外出捕鱼时常带上驯化好的鸬鹚。鸬鹚整齐地站在船头，各自脖子上都被戴上一个脖套。当渔民发现鱼时，他们一声哨响，鸬鹚便纷纷跃入水中捕鱼。由于戴着脖套，鸬鹚捕到鱼却无法吞咽下去，它们只好叼着鱼返回船边。主人把鱼夺下后，鸬鹚又再次下潜去捕鱼。在遇到大鱼时，几只鸬鹚会合力捕捉。它们有的啄鱼眼，有的咬鱼尾、有的叼鱼鳍，配合得非常默契。待捕鱼结束后，主人摘下鸬鹚的脖套，把准备好的小鱼赏给它们吃。这种捕鱼方式非常有趣，也非常有效。所以，用鸬鹚捕鱼曾盛极一时。

杜甫曾写过这样的诗句："家家养乌鬼，顿顿食黄鱼"。这种捕鱼方法当时之流行由此可见一斑。当然，这种古老的捕鱼方法只能满足自给自足的小生产经济，在近代已很少采用。实际上，过多的鸬鹚会给渔业生产造成很大的危害。据统计，野生的鸬鹚每天至少要吃掉 400 克的鱼。在荷兰，有一群鸬鹚在一个夏季就吃掉 5000 吨鱼。

鸬鹚的捕鱼本领之高早已被人所熟知。近几十年来，科学家们又发现鸬鹚在河水非常混浊时也能轻

鸬鹚

松自如地追踪鱼群。在河水混浊不堪时，视觉很难发挥作用。那么，鸬鹚是怎样在混浊的河水中找到鱼群的呢？原来鸬鹚的听觉非常发达。在自然界中，有些盲眼鸬鹚依靠它们那发达的听觉器官追捕鱼群。此外，大群的鸬鹚一起围捕鱼群。也大大提高它们捕鱼的效率。

大多数水鸟的尾脂腺能分泌油脂，它们把油脂涂在羽毛上来防水。但是，鸬鹚缺少尾脂腺，它们的羽毛防水性差，身体很容易被水浸湿。所以不能长时间地潜水、游泳。在每次捕鱼后，鸬鹚要站在岸边晒太阳，待羽毛晾干之后，它们才回到水中捕鱼。鸬鹚每次潜水，能游出很远，在水下停留的时间达 30～40 秒，有时甚至长达 70 秒，而且通常都有所收获。

死而复生的珍贵鸟类

　　1981 年 5 月，从中国传出一条轰动世界鸟学界的消息，在中国发现了绝迹 17 年之久的朱鹮，这一发现为什么能引起轰动？朱鹮是怎样一种鸟呢？

　　朱鹮是美丽的飞禽。它体长约 77 厘米，长长的嘴像一根弯管，嘴端呈朱红色，身体背部的羽毛呈灰白色。朱鹮的翅膀后部和尾下侧都泛出朱红色，再加上朱红的脚和洁白的体羽，使它们更加美丽动人，朱鹮在 19 世纪以前曾广泛分布于俄罗斯、中国、日本和朝鲜。但在近 100 年间，朱鹮的数量急剧下降，分布区域急剧缩小。国际鸟类保护委员会早在 1960 年就已将朱鹮列入国际保护鸟的名单。

　　朱鹮在野生环境中非常喜欢湿地、沼泽和水田。它们在水田中觅食，喜欢栖息在高大的树上。每年 3 月到 5 月是朱鹮的繁殖季节，它们选择高大的

栗树、白杨树或松树，在粗大的树枝间，用树枝、草棍搭成一个简陋的巢。朱鹮的巢平平的，中间稍下凹，像一个平盘子。雌鸟一般产 2～4 枚淡绿色的卵。经 30 天左右的孵化，小朱鹮破壳而出。60 天后，雏鸟的羽翼丰满起来，但还远没发育成熟，它们的羽毛比成熟朱鹮的颜色稍深，呈灰色。直到 3 年之后，小朱鹮才完全发育成熟，并开始生儿育女。

在我国，1953 年和 1959 年鸟类学家曾在甘肃武都、康县采到过朱鹮标本。在 1981 年以前，鸟类学家最后一次见到野生的朱鹮是在 1964 年。而后，在 1964～1981 年这十几年间，再也没人见过朱鹮的踪迹。从 1978 年起，中国科学院动物研究所的鸟类学家们组成考察队，他们调查了东北、华北和西北三大地区，跨越九个省区，行程 5 万多公里。他们跋山涉水，历尽千辛万苦，终于在 1981 年 5 月于陕西省洋县境内的山林中发现两个朱鹮的营巢地。当时，这两对朱鹮都忙于哺育幼雏，这说明它们都是有繁殖能力的个体。说来也巧，正当鸟类学家们专心观察这两个稀世珍禽的家庭时，一只幼鸟从巢里掉了出来。幼鸟落到地面后，鸟类学家们立刻把它拣回，火速运到北京动物园。经过鉴定，这是一只雄性的小朱鹮。在经验丰富的饲养员的精心护理下，小朱鹮顺利地成活下来。

自 1981 年以后，野生朱鹮受到良好的保护。陕西洋县已经成为著名的朱鹮之乡，人们在那里建立了朱鹮自然保护区。朱鹮在保护区内休养生息，繁衍后代。到 1985 年 5 月，洋县已有 17 只朱鹮，而截止到 1989 年 3 月，我国境内的朱鹮已发展到 40 多只。这不能不说是我国鸟类保护运动的重大成就。

朱鹮

在日本，朱鹮深受人们爱戴。朱鹮的拉丁学名 Nipponia nippon 就是"日本日本"的意思，日本人常对此引以为荣。但是，朱鹮栖息地被大面积破坏，使日本的朱鹮濒临绝灭的困境。1967 年，鉴于当时朱鹮数量呈急速下降的趋势，日本在新易县佐渡岛建立了日本朱鹮保护中心。当时，除人工饲养的朱鹮外，日本还有野生的朱鹮。但是到 1978 年，野生朱鹮产的卵很多不受精，不能孵化。到 1979 年，日小伞境只剩下 8 只朱鹮，这些幸存的朱鹮全部生活在佐渡岛。1981 年，又有 2 只朱鹮死去。为了使朱鹮摆脱濒临灭绝的境地，日本政府决定把 6 只野生朱鹮全部捕获，进行人工饲

野生朱鹮

养。他们希望利用先进的科学手段和精心的饲养使朱鹮再度繁衍。但事实并不如想象的那么好。1982 年 8 月，佐渡岛保护中心有 5 只朱鹮，到 1985 年只剩下 3 只，这 3 只朱鹮平均年龄 12.5 岁，两雌一雄。一只雌鸟叫阿青，因为身患风湿病，脚已经病变损坏。另一只雌鸟叫阿金，它跟雄鸟阿绿配成一对。虽然阿绿身体健壮，每年都跟阿金交配，但是阿金就是不产卵。而到了 1989 年，日本就再也见不到这种鸟了。

鸟类中最忠贞的伴侣

　　在我国一千多种鸟类中，雌雄间结成终身伴侣的只有天鹅，它们不仅在繁殖期成双成对，相互恩爱非常，就是在其他时间，也一起觅食、休息、戏水，竟至在迁徙途中，也前后照应从不分离。一旦有一只不幸死去，另一只宁肯单独生活一辈子，也不再另选佳偶，真称得是忠贞伴侣。

　　天鹅一向是人们珍重和爱戴的鸟类，它那洁白的身躯，给人以圣洁文雅之感，它那悠然自得、从容不迫的飞翔姿态，显得是那样高贵。它是吟诗入画的对象，是作曲的题材，是人们心目中的珍禽。

　　天鹅属于大型水禽，体重约有10公斤。共有5种，我国有3种，它们是大天鹅、小天鹅及疣鼻天鹅。其中疣鼻天鹅曾在迁徙中，飞越过海拔9000米

天鹅

最忠贞的天鹅

的珠穆朗玛峰，在鸟类飞行高度上，与兀鹫并列冠军。在新疆乌鲁木齐市西南方的巴音布鲁克，有一个天鹅湖，这个湖的面积约有一千多平方公里，说是"湖"，实际上是由湖泊、河流、沼泽地带所组成的，这里人烟稀少，气候凉爽，地势广阔，具有丰富的水生食物来源，每年都有不少天鹅在这里繁殖。目前，已经被国家正式定为"巴音布鲁克天鹅保护区"。青海省的泉湾，流水潺潺，两岸有宽阔的牧草地，冬天有大量的天鹅到此越冬，故此泉湾得以冬天"天鹅湖"的美名，近年来，在渤海湾的无棣县埕口盐场，发现有一百多只大天鹅在此越冬，有关部门已经加以保护。

　　天鹅有着亲密的"夫妻"关系在繁殖期表现尤为突出，以观察疣鼻天鹅的习性为例。疣鼻天鹅又称哑天鹅、无声天鹅、赤嘴天鹅或白鹅，繁殖在新疆、青海、甘肃和内蒙等地。当这些地区的湖面刚刚解冻不久，它们就从温暖的南方飞来至此。只见成对地分散在蒲苇滩上活动，形影不离。一两个星期后开始寻找巢区了，它们多选择在距离滩边大约 200～500 米的蒲苇滩深处，僻静安全，很少有干扰。选用蒲苇的茎、叶，搭成一个直径为 1 米，高 0.6～0.8 米的圆形巢，巢的结构紧密而下凹，里面铺些干水草、蒲草及腹部脱下的绒羽等物。"夫妻"做巢配合和谐，不声不响，非常迅速。巢做好后，雌天鹅便开始产卵，一般一窝以产 6 枚为多，卵呈苍绿色，并带有污白色的细斑。卵重约 370 克，是我国鸟类中最重的鸟卵。卵黄含量较多，甚至雏鸟出壳后，仍有 1/3 卵黄在腹腔里，这样，如果遇到天气寒冷或因其他不利因素造成取食困难时，雏鸟可暂时不致饿死。孵卵主要由雌鸟担任，而雄鸟负责巡视守卫，看来它们有着明确的分工，有雄鸟守护在巢旁，雌鸟可以安心地在巢内孵卵了。突然，有一只老鹰出现在巢区的上空，机警的雄鸟立即起飞迎上前去，且"啪啪、啪啪"地用力扇动翅膀，以示向雌鸟报警，雌鸟闻讯后，迅速用树枝、蒲苇将卵盖好，自己轻轻离巢远去，使卵或雏鸟免遭厄运。老鹰被赶走了，雄鸟飞回来了，雌鸟也平安地回巢继续孵卵。一场危机烟消云散，它们又过着和平幸福的生活。

7 月中旬，劳累了几个月的亲鸟要换"新装"了，它们脱去旧羽，要重新长出新羽来。这需要有一段时间，雄鸟很体贴雌鸟，主动把照顾"子女"的任务承担下来，使雌鸟安心地去换羽，它独自带领着幼鸟去寻找食物，练习飞翔技术。天鹅"夫妻"间的恩爱，实在值得称赞。

最勇猛的鸟

金雕素以勇猛威武著称。古代巴比伦王国和罗马帝国都曾以金雕作为王权的象征。在我国忽必烈时代，强悍的蒙古猎人盛行驯养金雕捕狼。时至今日，金雕还成了科学家的助手，它们被驯养后用于捕捉狼崽，对深入研究狼的生态习性起过不小的作用。当然，在放飞前要套住它们的利爪，不至于把狼崽抓死。据说，有只金雕曾捕获 14 只狼，它的凶悍程度可见一斑。

金雕并非金色的雕，尽管它源于希腊语的名字直译是金色的鹰。这里提到的金色，可能是就它头和颈后羽毛在阳光照耀下反射出的金属光泽而言，因为它全身的羽毛呈栗褐色，跟金色相距甚远。金雕体长近 1 米，体重 4 公斤左右，是雕中最大的一种，它们的腿除脚趾外全被羽毛覆盖，看上去确实仪表堂堂。

金雕翼展达 1.5 米，飞行很快，在追击猎物时，它的速度不亚于猛禽中的隼。正是因为这一点，分类学家最初将它们列为隼的一种。金雕飞行快捷，它有机智灵活的捕猎方式。在搜索猎物时，金雕是不会快速飞行的，它们在空中缓慢盘旋。一旦发现猎物，它们便直冲而下，抓住猎物后便扇动双翅，疾若闪电般飞向天空。刚刚出窝的狼崽常常遭到这种袭击，待母狼赶来营救已为时过晚。在空中，金雕也能随心所欲地捕食。有人记述过金雕从地面冲上天空，捕食飞过的野鸡的情形：金雕冲上天空，

金雕

当飞到野鸡下方时，突然仰身腹部朝天，同时用利爪猛击野鸡。野鸡受伤后直线下落，金雕又翻身俯冲而下，把下落的野鸡凌空抓住。这简直是一位卓越的飞行家在表演。

金雕的巢都建在高处，如高大树木的顶部、悬崖峭壁背风的凸岩上，因为这些地方人和其他动物很难接近。一对金雕占据的领域非常大，有近百平方公里，对接近它们巢的任何动物，它们都会以利爪相向。因此，研究金雕巢是一项冒险的活动。

我国是盛产海雕的国家，产地集中在西部和东北部。玉带海雕是一种广泛分布于我国西部高原的海雕，它们体型巨大，翼展达2米。它们特别爱吃旱獭幼崽和鼠兔。它们常静栖在距旱獭洞和鼠兔洞十几米的地方，当猎物探头出洞四处张望时，硕大的玉带海雕便猛扑过去。它们起飞时的声响很小，因此捕食的成功率很高。

在俄罗斯外贝加尔地区生活的玉带海雕丰要以鱼为食，兼吃一些鼠兔和鸿雁。玉带海雕的尾羽黑褐色，尾羽中部还有一条白色的宽带。玉带海雕的尾羽是非常珍贵的羽饰，因此它常遭到人们捕杀。白尾海雕跟玉带海雕大小相近，它尾羽是纯白色的，非常显眼。白尾海雕生活在沿海地区，繁殖时它

金雕头部特写

们迁徙到东北及长江下游一带，冬季在长江以南越冬。白尾海雕的食物除鱼外，还有野兔、鼠、幼鹿。在冬天，它们还偶尔捕食狗和猫，甚至能以尸体腐肉和渔场附近的垃圾为食。白尾海雕的食量很大，但它们也很耐饥饿，它们可以45天不吃东西而安然无恙。白尾海雕的全身羽毛几乎都有经济价值，翼羽、尾羽可制扇，尾下覆羽可作装饰羽。白尾海雕和玉带海雕在我国都很稀少，已列为国家二类保护动物。

白头海雕是最著名的一种海雕，它们只生活在北美。18世纪，美国国会将白头海雕定为国鸟。从那时起，美国的国徽和军服上全都印有白头海雕脚握橄榄枝的图案。在这个图案中，橄榄枝象征着和平，白头海雕则意味着战争，两者结合在一起象征着集和平和战争两大权利于一身的美国国会。

白头海雕最突出的特点是头和尾都洁白如雪，身体其余部分为棕色。它们的幼鸟跟成鸟不同，出生时全身羽毛都是栗褐色，跟金雕相似。随着年龄的增长，小白头海雕头部和尾部的羽毛逐渐变白。一般幼鸟需要7年才完全成熟，那时头尾才变得跟父母完全一样。白头海雕以捕食鱼类和其他一些小动物为生，它们也食腐肉。它们还常常倚仗武力夺他人口中之食。有时它们逼着鸥等弱小的捕鱼鸟吐出猎物；有时则强行抢食，弱小的鸟迫于它们的强大而让出食物。甚至体型较大的美洲鸳也得在它们的威逼下，乖乖地吐出已吞入嗉囊中的腐肉，否则美洲鸳就会遭到白头海雕的猛烈攻击，轻则受伤，重则丧命。

最大和最小的鹤

在 15 种鹤类大家族中，体型最大的是赤颈鹤，最小的是蓑羽鹤，这两种鹤并肩走在一起，就如同大哥哥带领着小弟弟，大小相差很大。它们在我国部有分布，是"鹤类乐园"中的两枝鲜艳的花朵。

赤颈鹤

蓑羽鹤

赤颈鹤的体长大约 190 厘米，头、喉及颈的上部，裸露不生羽毛，其皮肤呈淡红色，在繁殖期时更加明显醒目，是与其他鹤类区别的鲜明特征。雄鹤全身羽毛淡灰，颈下部和翅尖微白，头顶前部灰绿色，颈背和颈两侧接近黑色。雌鹤个体略小，颈部的裸露区较小。分布在云南省南部地区，为非迁徙性鸟类。它们喜栖于水田、河滩及沼泽地带，以水牛昆虫为食。胆子很大，经常飞到村庄周围的农田中啄食农作物。终生有固定的配偶，巢做在沼泽、水田之中，以水生植物为材料，每窝产卵 2 枚，卵呈淡绿或粉白色，并带有紫红色斑点。近些年来，赤颈鹤的数量有逐日减少的趋势，加上分布区域的局限性，有绝迹的危险，应受到严格的保护。分布在印度的赤颈鹤，是世界上身体最高的飞禽，雄鹤体高超过 1.60 米，重 2 公斤。在当地赤颈鹤被看作是吉祥的鸟，深受人们的喜爱和保护。

最大的鹤蜓赤颈鹤

蓑羽鹤由于长得小巧秀丽，得到一个"闺秀鹤"的美名。它特别爱干净，夏天，每隔一定时间必定到河水里清洗 1 次。它体长大约只有 80 厘米，还没有赤颈鹤的一半长。体羽蓝灰色，头暗灰黑色，眼后有一簇白色延长的羽毛。在它的面部、下颌、前颈和前胸处，生有黑色蓑羽，大约有 50 厘米长，很容易辨识。繁殖地在新疆北部、甘肃北部、内蒙及东北北部。越冬区则在我国西南地区。每年的 4 月末开始繁殖，成双成对地活动在草甸草原、半荒漠草原和沼泽边缘。巢址由雌鹤选择，只见它来来去去地在草甸上走动，用爪挠地刨成一个浅坑状，趴下、站起，反复多次，直至感觉满意了，便展开双翅高兴地向雄鹤跑去，并发出"咕咕……咕噜……"的叫声，这很可能在传递着信息，告诉它的伴侣。于是它们双双引颈高歌，展翅起舞。巢内没有什么铺垫物，雌鹤把卵就直接产在坑内。卵的底色为淡紫色，上面带有深褐色的斑块。雌雄轮流孵卵，孵化期 30 天左右。蓑羽鹤为早成性鸟，发育很快，幼雏长到 150 天左右，羽翼已经丰满，它们每日追随在亲鸟后面，学习觅食和飞翔。11 月中下旬，在亲鸟的带领下，振翅起飞，奔向它们的越冬地。

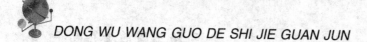
唯一需要冬眠的鸟

　　有的动物冬天需要冬眠。大黑熊到了严冬季节，都躲进了树洞里睡大觉，饿了就用舌头舔舔那富有营养的熊掌；蛇和蟾蜍都钻进洞穴里，不吃不喝，一动不动地待在里面。它们直到来年惊蛰以后，天气暖和了才出洞活动。鸟类中的个别种类也有冬眠现象，这种情况可能不为人所注意，白胸秧鸡就是这种独特的鸟。

　　白胸秧鸡又叫苦恶鸟，这是根据它的叫声而得名的。上体黑色，面部及下体白色。属于小型涉禽鸟。平时多栖息于沼泽、池塘、稻田附近的灌木丛、小竹林等地，啄食动物性食物。清晨和傍晚常能听到它们的鸣叫，在繁殖季节，从早到晚几乎都可听到叫声。每年 4 月初，开始在灌木丛和芦苇丛中营

白胸秧鸡

巢。每年产2窝，每窝3～9枚卵不等，卵壳土白色或土黄色，上面带有褐色斑点。孵卵由雌雄鸟共同担任。入秋以后，秧鸡结束了繁殖生活，幼鸟已经长大，可以独立生活了，这时，它们的活动反而更加频繁，每天不知疲劳地四处寻找食物，好像从不知道饱似的，只吃得个个膘肥体胖，甚至飞起来也觉有些吃力，难怪有的人专在这个时候去捕捉秧鸡食用，肉味肥嫩，视为佳肴。

初冬季节就要到了，天气逐渐变冷，胖乎乎的秧鸡个个急于选择干燥的石洞或泥洞，钻到里面冬眠了。秧鸡在洞里不吃不动，或很少活动，呼吸次数减少，血液循环减慢，新陈代谢减弱，尽可能减少消耗体内的营养物质，凭借贮存的脂肪来维持生命。

春风赶走了严寒的冬天，小草发出嫩芽，昆虫开始活动了，秧鸡在洞中逐渐苏醒，它慢慢地走出来。经过3个月的冬眠，身体虚弱多了，走起路来都有些摇晃，不能飞行，视力也很模糊，它们当务之急是增加营养，吞吃大量食物以强壮身体。1个星期过后，体力得到了恢复，能够正常飞翔，到处又可听到它的叫声。

最能吃蝗虫的鸟

蝗虫俗称蚂蚱。饲养观赏鸟的老人，提着鸟笼走在草地里，顺手捉几个蚂蚱喂鸟；小朋友放学后，到庄稼地里逮几个拿着玩，或抓多了带回家去喂鸡。如果蝗虫数量太多了，那可就麻烦了，甚至可以形成蝗灾。

1929 年，据不完全统计，全国受蝗害面积达 3600 余万亩，损失的玉米、小麦、大麦、水稻等农作物价值 1000 万银元以上。据报道，那时在沪宁线上的下蜀镇，因蝗蝻把铁路掩盖了，致使火车无法前进而误点 2 小时。蝗虫如此厉害，对它进行防除问题一向受到人们的重视，制定出了各种措施，其中一条就是要充分利用它的鸟类天敌。吃蝗虫的鸟类有燕鸻、白翅浮鸥、田鹨等，尤以燕鸻最为突出。

燕鸻上体棕灰褐色，下体前半部为棕色，后半部是白色。嘴短宽，体型适中。它飞起来很像燕子，可又多在地上行走活动，因此，人们一般都叫它"土燕子"。夏天迁来我国，繁殖在沿海一带地区。燕鸻喜结群活动，少则几十只，多则上百只。飞行迅速，垂直落下，在地上行走也喜急驰。4 ~ 7 月间结群繁殖，卵即产在草地或沙土凹陷处，内铺一些新鲜嫩草。每窝产卵 2 ~ 5 枚。白天阳光充足，气温较高，亲鸟不在窝内孵卵，夜晚气温明显下降，亲鸟归窝。

燕鸻是有名的食虫鸟，尤其嗜吃蝗虫。有人曾在洪泽湖蝗区观察到，一天内有 68 只次燕鸻在 80 亩

燕鸻

田地内活动，将 300 头四五龄蝗蝻全部捕食；6 月份蝗虫开始繁盛，此时燕鸻几乎只吃蝗虫，甚至在剥验它们的胃中，有的一个胃内竟含 8 个蝗虫；通过饲养燕鸻雏鸟试验，一只雏鸟平均每天吃 30 克（约 90 只）蝗虫，如果一窝以 3~4 只雏鸟计算，每窝雏鸟每天可吃 90~120 克（270~360 只），再加上亲鸟所吃的，消灭蝗虫总数可达 180 克（约 540 只），依此计算，一窝燕鸻 1个月所吃的蝗虫，可达到 4500 克（约 16200 只），那么，几百窝的燕鸻所消灭蝗虫总数就相当可观了。我们保护了燕鸻的正常生活和繁殖，也就如同保护了粮食。

最具有滑翔技巧的鸟

　　在一望无际的大海上空，飘浮着一群群白色的海鸥，它们伸展着双翅，边飞边叫来回盘旋，一会儿昂首远看，注视着来往轮船；一会儿又低头俯寻，搜索着水中动态。忽然，发现了食物，只见它急速扇动翅膀，一头扎进水里捕捉，而后衔着胜利品重又飞离水面，找一处海边或岛屿的僻静环境，津津有味地吃起来。

　　盘旋飞翔称作滑翔，滑翔是某些鸟类的特殊本领，它们在空中平伸着翅膀，以上升气流为动力，支持着自己的体重。在一些开阔的陆地上空，我们可以见到鹫、鸳和老鹰的滑翔雄姿；在大海上空，除海鸥外，还伴有信天翁在盘旋。

银鸥

所有这些鸟类，滑翔技巧超群的应数海鸥，它滑翔时的飞行速度，每小时仅 19 公里，是滑翔速度最慢的鸟类，只要有一点上升气流，就足可以托住它不至掉下，而且巧妙地利用气流慢慢悠悠地滑翔。我国有 31 种鸥类鸟，常见种之一是一种大型鸥类叫银鸥。银鸥的分布很广，北自东北北部，西抵四川，南到广东、台湾。在这些地区的湖泊水域中，都可见到它们的踪迹雌雄同色，背部和翅膀深灰色；翼尖黑色；其他部位羽毛纯白色。

银鸥又叫黑背鸥、淡红脚鸥、黄腿鸥、鱼鹰子和叼鱼狼等。它是一种群居性鸟类，常几十只或成百只一起活动，喜跟随来往的船舶，索食船中的遗弃物。一鸟入水取食，群鸟紧跟而下，从远处望去，好似片片洁白的花瓣撒入水中，缓缓随水荡漾，别有一番风趣。银鸥是船舶即将靠岸的"活指示"。它们活动在近海附近，船员们发现了海鸥，就说明距岸已经不远了。

银鸥以动物性食物为主，其中有水里的鱼、虾、海星和陆地上的蝗虫、螽斯及鼠类等。

每年 4～8 月是银鸥的繁殖期，它们结群营巢在海岸、岛屿、河流岸边的地面或石滩上。巢很简陋，由海藻、枯草、小树枝、羽毛等物堆集而成一浅盘状。每次产卵 2～3 个。雌雄轮流孵卵，经 24～28 天后，雏鸟破壳而出。银鸥吃鼠类，如黄鼠、姬鼠、田鼠等。据记载，有一地区栖居着 1200 只银鸥，3 个月内消灭了鼠类 25 万只由此可见它对农业的益处。

鸟中歌王

春风吹拂着茫茫的大草原，嫩绿的牧草东摇西摆，好似在向万物点头招手，欢迎它们前来投奔草原的温暖怀抱。百灵鸟高声歌唱，用那美妙动听的歌声，迎接着"客人们"的到来。

百灵鸟是草原的"主人"，它们常年居住在这里，对于在哪里栖居、哪里饮食，都了如指掌。天刚发白，它们就成群地飞舞在这块绿色的"地毯"上，跳啊，唱啊，草原顿则热闹起来。百灵鸟的歌声早已闻名于世，它的鸣声清脆响亮，尤其是一种叫"蒙古百灵"的，叫声更是婉转动听，它不但能效仿许多种鸟的叫声，如小鸡的鸣叫、公鸡的啼鸣、麻雀的嗓叫、家燕的哨鸣，而且还能学猫叫，甚至就连婴孩的啼哭声也学得到那样逼真。它的仿鸣能力

百灵鸟

很强，用不着特殊训练，只要将它放置在预要效仿的动物之中，用不了多久就可以学会了，而且永远不会忘掉，因此，得到了养鸟爱好者的极大兴趣。百灵能与画眉鸟相媲美，俗有"南有画眉，北有百灵"之说，它是有名的笼养鸟。

蒙古百灵体长约 19 厘米，体重 30 克，头和尾基部为栗色；翅膀黑而具白斑，胸具黑色横带。飞时，喜高飞入云，落地时，喜奔驰在草原上。主要吃杂草种子，并兼吃一些昆虫。5 月份开始繁殖，每窝产卵 4 枚左右。蒙古百灵非常喜欢鸣叫，除严冬季节鸣叫略少外，春、夏、秋三个季节，每天都从清晨鸣叫到夜幕降临，真不愧是草原上的歌手。

尾羽最长的鸟

　　三国时期的周瑜和吕布，可称得上是一代英雄，在古装戏中扮演他们的演员，头盔上配戴着一对长长的羽毛，更增添了大将的威武风度，演员们还不时地将这对羽毛握于手中，边唱边舞，做出各种姿态，借以表达人物的性格和内心活动。这对长羽毛称作"雉鸡翎"，是雄性长尾雉的尾羽，最长者可达1400厘米左右，是我国鸟类中尾羽最长的鸟。

　　我国有4种长尾雉，即黑长尾雉、白冠长尾雉、黑颈长尾雉和白颈长尾雉。其中黑长尾雉仅产在台湾省，而白冠长尾雉为广布种。

　　白冠长尾雉又称地鸡、山雉或山鸡。雄性的头和颈白色，并有一个黑色环；身上的羽毛大部分是金黄色；尾羽上有黑色和栗色横斑。它们性情胆小机警，平时多单独活动，只要遇有危险情况，就毫不迟疑地立即鼓翼急速飞逃。由于尾羽很长，起飞时先高飞，待超过树冠后，马上以两倍于普通雉的速度向前飞去，且边飞边叫，惊恐异常。

　　长尾雉的活动仅限在600～2000米的高山地区，而不在300米以下的地方。栖息地两侧是悬崖陡壁的山谷。它具有一种特殊的飞行本领，当由一棵树飞向另一棵并准备降落时，它可以骤然停止，利用它的长尾作控制，把身体向后一转，依靠尾羽和翅膀抵住空气，一下子平平稳稳地落在树枝上，羽毛丝毫不受任何损伤，真像一名技术高超的"杂技演员"。

白冠长尾雉

长尾雉主要以松、柏的果实为食。春天一开始就进入繁殖期，此时雄雉之间为争夺配偶经常展开格斗。常见有一二只雌雉与一只雄雉相配。巢很简单，就在草地上的浅窝处，甚至内里很少有铺垫物。每次产卵 7 个左右，卵呈油灰色。目前长尾雉可以人工饲养，每年可产卵 40～50 枚，并可用人工孵化。

在鸟类中尾羽最长的，应首推日本长尾鸡，它的尾羽最长的能够超过 7 米以上。这种鸡生性懒惰，不喜欢活动，平时将它关在一个小鸡舍里，把尾羽垂挂在鸡舍外面，定时由饲养员提着它的长尾巴，到舍外散步。每当它站在高高的架子上时，长长的尾羽下垂到地面，非常美丽。长尾鸡为什么能长出这样长的尾羽呢？据记载，大约在三百多年前，住在日本上佐大筱村的农民，用山鸡及日本特产的一种山鸟，与东天红鸡杂交出一种长尾鸡，此事被当地统治者藩主知道了，他特别喜欢长尾鸡，于是颁布了一道命令，可以用长尾鸡的尾羽，代交租税；对于饲养出尾羽特别长、颜色特别美丽的，发给饲料。从此，当地农民都饲养起长尾鸡，并想方设法，使长尾鸡的尾羽长的越长越好。经过多少年来的人工选择，才得到了今日的长尾鸡。

最出色的"拟音师"

1798 年 2 月，有几位探险者像着了魔似的在澳大利亚新南威尔士山区搜寻一种传说中的美丽的鸟——山区雉。他们不知翻过多少山头，穿越多少密林，终于，一位探险者捕获了一只美丽而不知名的鸟。

这只鸟全身羽饰金黄，像披着一件丝绸锦衣。它的尾羽非常发达，最外侧的两根长达 0.6 米，并缀有白斑和美丽的 V 字型赭斑，其余 14 根尾羽，在每根长长的羽轴两侧生着细丝状的羽片。这种鸟大小似公鸡，脚十分强壮。因此，探险者们认为它就是他们要找的山区雉。

这一发现引起不小的轰动，科学家们开始研究这种鸟。研究后发现，这种鸟的外形很像雉类，如体形大小相近，腿粗壮，有发达的脚趾和长而直的爪，但是它们身体的内部结构不同。这种鸟有一个原始的鸣管和一条较长的胸骨，说明这种鸟更像是鸣禽。但是，这种鸟锁骨退化，而且尾羽共 16 根，这又跟鸣禽不同。

因此，鸟类学家们认为，所谓的山区雉是一种很独特的鸟，它跟鸡形目的雉类毫无关系。最后，经过反复争论，暂时把这种鸟归入雀形目，独立形成一个科。这种鸟羽饰华丽，炫耀时尾羽展开，很像七弦琴。因此，鸟类学家把它定名为琴鸟，它所属的科叫琴鸟科。

自从琴鸟被人发现以来，很多人对它们的行为作了深入的观察，同时出现大量报道。在这些报道中，最出奇的要算是雄琴鸟的发声本领。琴鸟的鸣叫声十分复杂，而它模仿声音的本领更是令人不可思议，它简直是一名出色的拟音师。

雄琴鸟几乎可以模拟任何它听到的感兴趣的声音，如密林中其他鸟的叫

琴鸟

声、人的高喊声、工厂的噪声、鹦鹉飞行时的扇翅声，甚至汽车的喇叭声。在阴雾天，密林中的琴鸟鸣叫欲望特别强烈，这时它们的鸣叫声在人听来异常刺耳。即使在茂密的森林中，这种鸣叫声也可传出 1 公里远。

琴鸟的另一个令人惊奇的习性是雄鸟在繁殖季节会建造土丘。有些琴鸟甚至会在方圆一平方公里的林间地上建造十几个相似的土丘，它们用这些土丘来标记它们的领域，警告其他琴鸟不要侵入。每年，人们可以在澳大利亚东部到南部绵延 1600 多公里的密林深处，发现不计其数的琴鸟土丘，不知详情的人见状会大吃一惊。

在建造完土丘以后，雄琴鸟便开始独具特色的炫耀表演。它们一般只在清晨或黄昏才登台献技。表演从开始到结束都很讲究仪式。雄琴鸟从密林中缓缓走近土丘，它先环顾四周，然后飞上一个旧树桩或较矮的树干，它站在树上亮开嗓门高声大叫，仿佛是在招待观众。这种鸣叫短则几分钟，长则十几分钟。然后琴鸟飞下树干，缓步登上土丘顶部。它在土丘上选好位置，摆好姿势，接着便开始一串洪亮的鸣啭，如同一名歌手在纵情歌唱。唱到忘情之际，它的尾羽逐渐张开并向上竖起，最外侧两条尾羽形成七弦琴臂的 V 形，细长的其他尾羽也像弦状竖起。而后，尾羽继续向前倾斜，直到两条最外侧的尾羽跟身体方向几乎成直角。这时，纤细的其他尾羽全部打开，在身体前面形成一层纱帘，遮住琴鸟的头和全身。这时炫耀达到高潮，鸣叫声更加洪亮，银光闪闪的尾羽帘在头前左右摇摆，把土丘顶部扫刷得干干净净，同时发出"沙沙"声。有时，表演中的琴鸟还会跳跃或原地转圈，发出颤声鸣叫。这时，如果雌琴鸟光临，便会达到交配的目的。当鸣叫声中有一声极高的尖声，就说明炫耀表演即将结束了。随后，琴鸟的鸣叫声越来越小，尾慢慢合拢。当尾羽全部合拢并于身后时。表演全部结束。随着两声低沉的鸣叫，雄琴鸟走下土丘。

琴鸟是"一夫多妻"的。在一个繁殖季节里，一只雄琴鸟要多次表演，分别同被招来的若干只雌鸟交配。支配之后，雌琴鸟单独到选好的巢址建一个大型的圆顶巢，巢侧留有供进出用的洞口，有些巢建在大村的浓密枝杈间，而大部分巢建在地面树干和岩石之间。雌琴鸟在巢中产一枚鸡蛋大小圆壳、灰紫色的卵。雌鸟单独孵卵，6 个星期后，幼雏就出壳了。这时，雌鸟忙碌地外出采食，单独喂雏。雏鸟渐渐长大，有些巢因为太小，在幼雏出巢时会把巢的圆顶顶开。离巢后，幼鸟还要发育两年才能完全成熟。雄性幼鸟在 2 岁以前跟雌鸟相似，在 2 岁以后才长出华丽的尾羽和羽饰。

很多年以来，澳大利亚的鸟类学家对国鸟图案上描绘的琴鸟尾部姿态提出质疑，因为这些展开的尾羽太像七弦琴了。

最大的蛇

亚马逊河是全球水量最大的河流，流域面积达南美洲三分之一，其名源自传说中的女战士。要想像亚马逊河之壮阔，几乎跟理解"无限"同样困难。亚马逊河共有一万五千条支流，分在南美洲大片土地上，流域面积几乎大如澳洲。主流河水很深，整条河有一半可容巨轮航行。远洋巨轮由大西洋经河口溯流而上，可航至秘鲁的伊基托斯。通航河道河面宽广，不能同时看到两岸。

此河横贯南美洲，发源于秘鲁安第斯山脉。水从冰川融汇而成的湖泊流出，汹涌奔流，在东面山坡上冲刷出气势磅礴的峡谷。由于冲出大量沙泥，河水浑浊，恍如加了大量牛乳的咖啡，故称为白水河。还有一些支流流经沼泽，冲出腐殖质，水色较深，称为黑水河。随着地势渐趋平缓，河水流速减慢，流至山下广阔的亚马逊盆地。

亚马逊流域的热带雨林大半位于巴西，面积约为印度两倍，海拔不超过200米。这里雨量充沛，加上安第斯山脉冰雪消融带来大量流水，每年有大部分时间为洪水淹没。有一片名叫瓦西亚的森林，面积大如冰岛，每年有数月水深9米。还有一些称为伊伽普斯的地区，大部分时间淹没在水里。雨林几乎全年闷热潮湿，日间气温约摄氏33度，夜间气温约摄氏23度。在距大西洋1600公里的巴西马瑙斯附

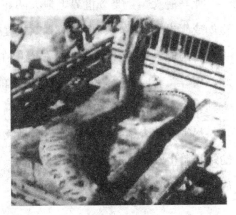

亚马逊森蚺

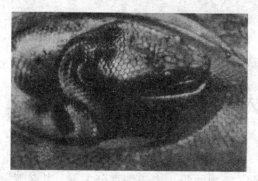

亚马逊森蚺

近，宽十六公里的黑水河内格罗河汇入白水主流。巴西人认为这里才是亚马逊河的起点，称其上游为索利蒙伊斯河。

下游地势平展，故受大西洋潮汐影响的河段，长达 960 公里，远及奥比杜斯。在入海之前形成巨大的河汊网，并与南面的托坎廷斯河和帕拉河汇合，浩浩荡荡流入大西洋。河口宽 320 公里，其中两条河汊由马拉若岛分隔，该岛面积与瑞士相若。

亚马逊流域植物种类之多居全球之冠。许多大树高 60 多米，遮天蔽日，故旱地森林的地面光秃秃，只有一层腐烂的枝叶。涝地森林则情况迥异，灌木和乔木有板状基根，帮助维生。树冠由高至低分层，各层充满生机。葛藤、兰花、凤梨科植物争相攀附高枝生长，其间栖息着猴子、树懒、蜂鸟、金刚、鹦鹉、巨大蝴蝶和无数蝙蝠。水中生活着凯门鳄、淡水龟，以及水栖哺乳类动物如海牛、淡水海豚等。陆地生活着美洲虎、细腰猫、西（貊）、貘、水豚、犰狳等。另有 2500 种鱼，以及 1600 名种鸟。

在这其中，有世界上最大的蛇，这就是亚马逊森蚺！

亚马逊森蚺是当今世界上最大的蛇，最长可达十米，重达 225 公斤以上，粗如成年男子的躯干；但一般森蚺长度在五米以下。

亚马逊森蚺生性喜水，通常栖息在泥岸或者浅水中，捕食水鸟、龟、水豚、貘等，有时甚至吞吃长达两米半的凯门鳄。森蚺会把凯门鳄紧紧缠绕，直到它窒息死亡，然后整条吞下去，嗣后几个星期，不用进食。

尽管成年森蚺是极可怕的猎食动物，但是幼蚺出生时，长不过 760 厘米。幼蚺是胎生的，有时一胎达 70 条左右。许多幼蚺被凯门鳄吃掉。幸存的长大后，反过来吃凯门鳄。

最低等的动物

　　海绵动物也叫多孔动物，是最原始、最简单的多细胞动物，是生物中的最低等者。由于身体比较柔软，故得名。它们在分类学上隶属于海绵动物门，但外观并不像动物，不会游动，营固着生活，附着于水中的岩石、贝壳、水生植物和其他物体上。身体的形状千姿百态，有片状、块状、圆球状、扇状、管状、瓶状、壶状、树枝状等。由于它们的体壁上有许多小孔，是水流入体内的通道。体壁内长着具有支持作用的针状骨骼，由内、外两层细胞构成。大多数种类生活于海水中，少数生活在淡水里。共有大约 5000 种，可分为钙质海绵类（例如白枝海绵、毛壶）、六放海绵类（例如偕老同穴）和寻常海

海绵动物

绵类（例如浴海绵、针海绵）等类群。

它们的体壁由内、外两层细胞构成，外层细胞扁平，内层细脑生有鞭毛，多数具原生质领，故称"领细胞"，主要行摄食和细胞内消化的作用。入水孔通入体内的沟道，与领细胞组成的鞭毛室和出水口组成复杂的沟道系统。含有食饵的海水由于内层细胞鞭毛的不断振动，从入水孔流入体内，不消化的东西随海水从顶端的出水口流出体外。在内、外两层细胞间，还有一层中胶层，其中有象变形虫的游离细胞、生殖细胞、造骨细胞、海绵丝细胞等等。

海绵动物体壁内多具支持的针状骨骼，称骨针。依骨针的性质，可分钙质海绵和非钙质海绵两大类。本门动物中有少数种类可供拭抹机器、枪炮及印刷业和沐浴用；某些种类能破坏介壳，为贝类养殖的敌害。

由于多孔动物体壁上的孔细胞与中央腔顶端的出水孔组成水沟系，通过领细胞鞭毛的打动，不断将外界的水连同食物和氧气带入水沟系中，又不断将废物从出水孔中排出来完成生命活动。它们这种特殊的身体结构和胚胎发育，使人们认为它们是动物演化发展中的一个侧枝。

除约150多种淡水海绵外，其余海绵动物都生活在海洋中，主要分布在热带与亚热带海域。从潮间带到7000米深海都有它们的踪迹。但水深120米以内生长的海绵约占总数的90%。它们通常色彩鲜艳，形状受环境影响而定。大小从几毫米到1米多。海绵动物的中央腔中常常有其他动物与它共栖，往往形成复杂的动物群落。在珊瑚礁的形成中某些海绵起着重要的作用，而有些海绵是养殖贝类的敌害。

海绵动物的生殖有无性生殖和有性生殖。无性生殖又分出芽和形成芽球两种。出芽是由海绵体壁的一部分向外突出形成芽体，与母体脱离后长成新个体，或者不脱离母体形成群体。芽球的形成是在中胶层中，由一些储存了丰富营养的原细胞聚集成堆，外包以几丁质膜和一层双盘头或短柱状的小骨针，形成球形芽球。当成体死亡后，无数的芽球可以生存下来，渡过严冬或干旱，当条件适合时，芽球内的细胞从芽球上的一个开口出来，发育成新个体。所有的淡水海绵和部分海产种类都能形成芽球。

海绵动物能够进行有性生殖。海绵有些为雌雄同体，有些为雌雄异体。精子和卵是由原细胞或领细胞发育来的。卵在中胶层里，精子不直接进入卵，而是由领细胞吞食精子后，失去鞭毛和领成为变形虫状，将精子带入卵，进行受精。这是一种特殊的受精形式。

受精卵进行卵裂，形成囊胚，动物极的小细胞向囊胚腔内生出鞭毛，另一端的大细胞中间形成一个开口，后来囊胚的小细胞由开口倒翻出来，里面小细胞具鞭毛的一侧翻到囊胚的表面，这样，动物极的一端为具鞭毛的小细胞，植物极的一端为不具鞭毛的大细胞，此时称为两囊幼虫。此后，幼虫从母体出水孔随水流逸出，然后具鞭毛的小细胞内陷，形成内层，而另一端大细胞留在外边形成外层细胞。幼虫游动后不久即行固着，发育成成体。

贝类之王

在贝类这个大家族中，谁的个头最大？海洋动物学家可以告诉你，砗渠的个头最大。砗渠属双壳纲。人们在太平洋的热带海域发现的大砗渠，壳的直径超过 2 米，体重达 2000 公斤以上。据说，在早期的海洋考察中，发现的砗石渠更大。

砗渠生活在热带珊瑚礁海域，喜欢栖息于低潮线附近的珊瑚礁岩中。幼体时，壳顶伸出强有力的足丝，牢固地黏着在海底岩礁上。因此，一旦幼体粘到了岩礁上，便终生不移位。有的砗渠则在珊瑚礁上穿洞穴居，把自己的身体埋在珊瑚礁之中。

砗渠的食物是海水中微小的浮游生物。潮涨潮落，海水流动，便把热带海域中各种浮游生物"送到"砗渠的嘴边，砗渠只需张开嘴，吸收海洋中的营养。每当砗渠吃饱了，需要阳光时，砗渠便张开双壳，伸出五颜六色的外套膜，像一件极不规则的印有彩色图案的纱巾，在海水中荡来荡去。美丽极了。

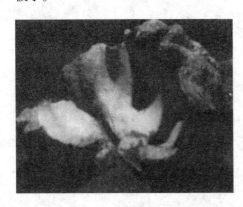

砗渠

砗渠就是通过这种方法获得阳光、获得水中的氧及各种营养，使自己的身体不断生长。有时，大砗渠壳内也能长出珍珠，而且个头不小，而且寿命长。根据砗渠壳上的"年轮"计算，砗渠的寿命长达上百年。

砗渠的闭壳肌肥大，而且营养丰富。当地渔民将采来的砗渠"肉"制成干制品——蚵筋，是南亚一些国家餐桌上的名菜佳菜。砗磲壳可以烧石灰，是工艺品的重要原料，因此，近些年来，人们过量采集砗磲，使其资源遭到破坏。在1983年，国际上已把砗磲列为世界稀有物种，加以保护。

砗磲

砗磲的分布并不广泛，其主要生活区域在印度洋、太平洋的热带珊瑚礁海域。在我国的台湾附近海域、南海海域，特别是西沙、南沙及南海其他岛屿的珊瑚海域都有分布。因其数量有限，所以颇具增值空间。

砗磲一名始于东汉时代，因其纹理很像车轮的形状，故称之为砗磲。砗磲、珊瑚、珍珠、琥珀被列为西方四大有机宝石，砗磲的纯白度被列为世界之最。砗磲经过千百年孕育生长，所散发出的磁场能量非常强大，可使佩戴者具有增进身心的调和，启发自在的智慧，摧破烦恼的功能。自古在清朝二品官上戴的朝珠由砗磲穿制而成；在西藏以及各地的佛教高僧有持砗磲穿制的念珠。砗磲洁白庄严，祥瑞吉祥，具有辟邪保平安，消灾解厄，消除聚灵、改变风水，供佛灵修，属佛学上的密宝。在《本草纲目》上记录砗磲有镇心，安神等功效，经长期佩戴具有不可思议的神奇力量和感应，如增强免疫力、防止老化、稳定心律、改善失眠等效果。

海中最优秀烟幕手

说到墨鱼，它对许多人来说并不陌生，因为在菜市场上常有墨鱼出售。墨鱼还有一个名字叫"乌贼"。不论是叫墨鱼，还是叫乌贼，从名字的称谓看，这种动物和墨联系在一起，浑身黑乎乎的。从动物分类学上看，墨鱼不是鱼，它属于贝类。从它的外形看，它的足不像其他动物长在腹部，而是长在头顶上，因而，又称它为"头足类"。

喷射墨汁是墨鱼的逃生绝招。当墨鱼遇到意外情况，或碰到敌害的时候，它首先使用的武器就是喷射墨汁，在自己的周围布设墨汁烟幕，有趣的是，墨鱼布设的黑色烟幕其形状轮廓和自己的体型极为相似。墨汁含有毒素，可麻痹敌人。黑色烟幕的突然出现，给敌人留下的印象可保持十多分钟。不论是再勇猛的敌害见此状况，也会弄得莫名其妙，不知所措。此时，墨鱼可乘

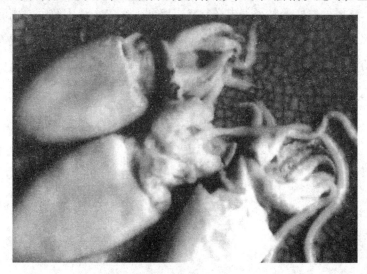

墨鱼

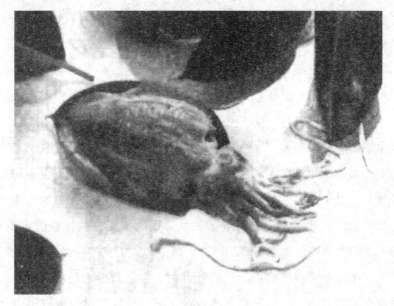

墨鱼

机逃离危险。你别说，墨鱼的这一招的确非常之灵，正因为它有此绝招，所以躲过了许多天敌的危害。

喷射黑色墨汁，在明亮的浅水海域有遁敌作用，然而，墨鱼不总是在浅水中活动。墨鱼也时常潜入数百米或上千公里的深海活动。在深海，阳光照射不到，伸手不见五指，本来就是一片漆黑，再喷黑色墨汁就没什么用处了。令人称奇的是，生活在深海的墨鱼，经过体内机能的调整，喷射出来的不是黑墨汁，而是会发光的细菌。这种细菌一接触海水。马上形成晶莹发光的烟雾，使来犯者眼花缭乱，不知这里发生什么意外情况，墨鱼便抓住时机，逃之夭夭。

在头足类动物中，除了墨鱼之外，还有鱿鱼和枪乌贼。鱿鱼的眼睛角膜有孔，所以又称它是"开眼族"，枪乌贼的眼睛角膜无孔，又称其为"闭眼族"。鱿鱼脚的长度占身体比例比枪乌贼大得多。从外观看，枪乌贼躯干狭长，末端为尖型，像个标枪头。枪乌贼行动迅速，像一支飞行的枪头，故称其为枪乌贼。枪乌贼生活在近岸海域，春季产卵时，成群结队游向岸边。产下的卵包在棒状透明胶质鞘内，许多卵鞘连在一起，如同一朵朵白花，非常好看。

乌贼放射墨汁、枪乌贼、鱿鱼的个头都不大，胆子也很小。所以，给人留下的印象是头足类都是胆小鬼。这就大错特错了。在头足类中有一英勇善战的悍将，它就是章鱼。章鱼的种类很多，在北太平洋有一种大章鱼，其腕足长达9米。此外，还有一种叫大王乌贼，体形更大。

据早期航海日志记载，这种大王乌贼，长达30余吨，腕足数十米长，可真称得上是头足类的"巨人"。有时，大王乌贼碰到抹香鲸，谁也不相让，便在海中展开大搏斗。大王乌贼利用它粗壮的腕足死缠住抹香鲸的躯体，再用强有力的吸盘，死死"咬"住抹香鲸的头。而力大无穷的抹香鲸也不示弱，用充满利齿的大嘴咬住大王乌贼的尾部。两个奇大无比的巨兽，互相拥抱着，翻来覆去，把海水搅得浊浪冲天。谁胜谁败，常常是很难预料的。有时，大王乌贼也会喷射出墨汁，企图麻痹抹香鲸，把方圆数公里的水域染成一片墨水。两个巨兽搏斗的现象，常常被搅得昏天黑地，结果又常常是两败俱伤。

今天，留在海洋中的头足类的生命史是十分久远的。科学家们研究表明，墨鱼和它的同类原先是外壳的，属于鹦鹉螺类。早在几亿年前的古生代，鱼类还没有问世，数量众多的鹦鹉螺和水母，海绵是海洋的原始主人。经过上亿年的演化，鹦鹉螺逐渐进化，外壳变成了内壳，又变成了内鞘，成了现今的墨鱼、鱿鱼、章鱼等头足类。所以，海洋中的头足类，是生命史中极为久远的家族。

最诡计多端的海鱼

深邃的海洋，无奇不有，它们千奇百怪，各显"神通"。

章鱼和人们熟悉的墨鱼一样，并不是鱼类，它们都属于软体动物。章鱼与众不同的是，它有八只像带子一样长的脚，弯弯曲曲地漂浮在水中，渔民们又把章鱼称为"八带鱼"。

提起章鱼，它可是海洋里的"一霸"。章鱼力大无比，残忍好斗，足智多谋，不少海洋动物都怕它。章鱼是一种敏感动物，它的神经系统是无脊椎动物中最复杂，最高级的，包括中枢神经和周围神经两部分，而且在脑神经节上又分出听觉，嗅觉和视觉神经。它的感觉器官中最发达的是眼，眼不但很大，而且睁得圆鼓鼓的，一动也不动，像猫头鹰似的。眼睛的构造又很复杂，前面有角膜，周围有巩膜，还有一个能与脊椎动物相媲美的发达的晶状体。此外，在眼睛的后面皮肤里有个小窝，这人不同寻常的小窝，是专管嗅觉用的。

章鱼之所以能在大海里横行霸道，是与它有着特殊的自卫和进攻的"法宝"分不开的。首先，章鱼有八条感觉灵敏的触腕，每条触腕上约有300多个吸盘，每个吸盘的拉力为100克。想想看，无论谁被它的触腕缠住，都是难以脱身的。有趣的是，章鱼的触腕和人的手一样，有着高度的灵敏性，用以探察外界的动向。每当章鱼休息的时候，总有一二条触腕在值班，值班的触腕在不停地向着四周移动着，高度警惕着有无"敌情"；

章鱼

如果外界真的有什么东西移动地触动了它的触腕，它就会立刻跳进来，同时把浓黑的墨汁喷射出来，以掩藏自己，趁此机会观察周围情况，准备战或撤退。章鱼可以连续六次往外喷射墨汁，过半小时后，又能积累很多的墨汁。

其次，章鱼有十分惊人的变色能力，它可以随时变换自己皮肤的颜色，使之和周围的环境协调一致。有人看到即使把章鱼打伤了，它仍然有变色能力，美国科学家鲍恩把一条章鱼放在报纸上解剖，令人惊讶的是即将死去的章鱼在它身上竟然出现了黑色字行和白色空行的黑白条纹。当时鲍恩惊呆了。有人问：章鱼怎么会有这种魔术般的变色本领呢？原来在它的皮肤下面隐藏着许多色素细胞，里面装有不同颜色的液体，在每个色素细胞里还有几个扩张器，可以使色素细胞扩大或缩小。章鱼在恐慌、激动，兴奋等情绪变化时，皮肤都会改变颜色。控制章鱼体色变换的指挥系统是它的眼睛和脑髓，如果某一侧眼睛和脑髓出了毛病，这一侧就固定为一种不变的颜色了，而另一侧仍可以变色。

再有就是章鱼的再生能力很强。每当章鱼遇到敌害时，有时它的触腕被对方牢牢地抓住了，这时候它就会自动抛掉触腕，自己往后退一步，让断触腕的蠕动来迷惑敌害，趁机赶快溜走。每当触腕断后，伤口处的血管就会极力地收缩，使伤口迅速愈合，所以伤口是不会流血的，第二天就能长好，不久长出新的触腕。

最后一点，章鱼有高超的脱身技能。由于章鱼能将水存在套膜腔中，依靠溶解在水中的氧气生活，因此它离开了海水也照样能活上几天。

章鱼喜欢钻进动物的空壳里居住。每当它找到了牡蛎以后，就在一旁耐心地等待，在牡蛎开口的一刹那，章鱼就赶快把石头扔进去，使牡蛎的两扇贝壳无法关上，然后章鱼把牡蛎的肉吃掉，自己钻进壳里安家。就这一点足以说明章鱼不是愚笨之辈。其实章鱼的智能远不止于此，它还会利用触腕巧妙地移动石头，这对于章鱼来说，石头既是它们的建筑材料，又是防御外来敌害攻击的"盾"。一旦自己无处藏身时，章鱼就会自力更生地建造住宅，它们会把石头，贝壳和蟹甲堆砌成火山喷口似的巢窝，以便隐居其中。章鱼在出击时，常常求助于石头。有时它将一块大石头作为挡箭牌，置于自己面前，一有风吹草动，就把石盾推向敌害来袭的一侧，同时利用漏斗向敌害喷射墨汁。当它要退却时，又会用这石盾断后。

水中的章鱼

章鱼又是出色的"建筑家"。说来也怪，它每次建造房屋都是在半夜三更时分进行，午夜之前，一点动静也听不到，午夜一过，它们就好像接到了命令似地，八只触手一刻不停地搜集各种石块，有时章鱼可以运走比自己重5倍、10倍，甚至20倍的大石头，在有章鱼喜欢栖息的地方，常有"章鱼城"出现，这些由石头筑成的"章鱼之家"鳞次栉比，颇为壮观。

章鱼好斗成性，它也有点软欺硬怕，碰到此自己厉害的对手，它就施展"丢卒保车"的战术，如果碰到不及自己的对手，它必然把对方打败为止。别看章鱼对待"敌人"凶狠残忍，对待自己的子女却百般地抚爱，体贴入微，甚至累死也心甘情愿。

每当繁殖季节，雌章鱼就产下一串串晶莹饱满的犹如葡萄似的卵，从此它就寸步不离地守护着自己心爱的宝贝，而且还经常用触手翻动抚摸它的亮晶晶的卵，并从漏斗中喷出水挨个冲洗。直等到小章鱼从卵壳里孵化出来，这位"慈母"还不放心，惟恐自己心爱的孩子被其他海洋动物欺侮，仍然不愿离去，以致最后变得十分憔悴，也有的因过度劳累而死去。

章鱼凶狠残忍，诡计多端，下海的人遇到它是十分危险的，但是人们还是有办法对付它，只要迅速切断章鱼的双眼之间稍高处的神经，就可以摆脱险境了。章鱼的肉鲜嫩可口。渔民们就根据章鱼喜欢钻入贝壳的习惯，常常在贝壳上钻个洞，用绳串在一起沉到海底，待章鱼钻进去安了家，再往上拉起来，这样便可以不费多大力气捕到一些章鱼了。

最长的软体动物

　　人们所知的最大的枪乌贼有 17 米长（触手长 13 米），身围 4 米。这是目前所知最长的软体动物。

　　所有的枪乌贼都很会游泳，因为在它们身上长有一个吸压海水的系统。因性情不同，环境有变，枪乌贼可以改变颜色。若遇到危险，它们会放出一股乌云，然后从乌云中迅速逃脱。

　　枪乌贼无脊椎动物，软体动物门，头足纲，枪乌贼科。头小，体稍长呈锥状，两片肉鳍在身体后端相连，呈菱形。体形似标枪的枪头，故称枪乌贼。腕 8 条，上生有吸盘 2 列；触腕 2 条，不能完全缩入头内，上生有吸盘 4 列。吸盘有角质齿环。内壳较小，呈角质薄片。身体皮肤下有黑色、黄色和红色的色素细胞，可变换体色适应环境。我国南北沿海均有分布。

　　产量最大、经济价值最高的为台湾枪乌贼，俗称"鱿鱼"，台湾海峡以南海域盛产。此外，火枪乌贼、日本枪乌贼等也较常见。除了乌贼以外，海洋里还生活着很多头足类动物，它们也都是游得很快的种类，其中鱿鱼和枪乌贼最有名。它们的肉比乌贼味美，所以世界各国对它们的捕捞也都非常注意。

枪乌贼

尤其是鱿鱼，在朝鲜、日本等国的沿海出产丰富。我国出产的鱿鱼和朝鲜、日本等国出产的不一样，它在分类学上叫作"枪乌贼"。

　　枪乌贼的头和躯干都很狭长，尤其是躯干部，末端很尖，形状很像标枪的枪头，而且它在海里的行动又是那么迅

速，所以人们叫它枪乌贼。枪乌贼
又称鱿鱼，是游得最快的动物。看
它们的外形，就知道它们善游；菱
形的肉质鳍像把尖刀刺开海水，流
线型的身体又减少了游泳的阻力。
更重要的是，所有的枪乌贼都拥有

鱿鱼

"火箭推进器"——外套腔，利用喷水原理使身体前进枪乌贼的躯干外面包裹
着一层囊状的外套膜，外套膜里面则是一个叫外套腔的空腔。一旦灌满水，
外套腔的入口便扣上了，枪乌贼使劲挤压外套腔，腔内的水没处去，就从颈
下漏斗喷出，喷水的反作用力推动枪乌贼向反方向前进。

　　为了使自己获得高速度，枪乌贼在进化过程中，抛弃了沉重的外壳，用
轻软的内骨骼支持身体。枪乌贼的游泳速度可达每小时50公里，逃命时更高
达每小时150公里，被人们誉为"海中的活鱼雷"。枪乌贼能以两种姿势交替
游泳。吃饱了，没有危险，它就用菱形鳍慢悠悠地划水，身体呈波浪型有规
律地前进。遇到危险或捕食时，枪乌贼则将尾部朝前，头和10个触手转向尾
部，触手紧折在一起，利用喷水方式前进。此时，身体成为优美的阻力最小
的流线型。

　　本领最大的一种枪乌贼，还能表演凌空飞行的绝技。这种枪乌贼体长16
厘米，当它们以极快的速度跃上波峰借着下跌的浪头滑到空中时，菱状肉质
鳍成为稳定飞行的"机翼"。枪乌贼能飞7—8米高，然后呼地落回海中。倘
若不幸落在甲板上，便成为海员的美味佳肴了。

　　枪乌贼生活在离岸不太远的海区。每到春季产卵时，成群的枪乌贼游到
近岸产卵。卵都包被在一个棒状的、透明的胶质鞘内。常有很多棒状卵鞘基
部联在一起，附着在岩石或其他物体上，形状好像一朵白色的花，非常好看。

寿命最长的动物

海龟早在二亿多年前就出现在地球上了，是有名的"活化石"。据《世界吉尼斯纪录大全》记载，海龟的寿命最长可达152年，是动物中当之无愧的老寿星。

正因为龟是海洋中的长寿动物，所以，沿海人仍将龟视为长寿的吉祥物，就像内地人把松鹤作为长寿的象征一样，沿海的人们也把龟视为长寿的象征，并有"万年龟"之说。

海洋中目前共有八种海龟，其中有四种产于我国，主要分布在山东、福建、台湾、海南、浙江和广东沿海，我国群体数量最多的是绿海龟。

海龟常循洄游路线在沿岸近海的上层活动，它们到20～30岁时才发育成熟，每当繁殖季节到来的时候，便成群结队地返回自己的"故乡"，不管路途多么遥远，它们也能找到自己的出生地，并把卵产在那里。如果出生地的环境被破坏，它就有可能终生不育。

海龟产卵数最多的可达200个左右，最少的也在90个以上，卵的数量虽说比较多，但是孵化成活率很低。当小海龟出壳后，首先要自己从沙堆里钻出来，然后急急忙忙地奔向海洋。从沙坑到海边对小海龟来说充满了危险，有的幼龟跌入沙坑中，拼命挣扎也爬不出"陷阱"。同时一些天敌例如各种海鸟不断在空中盘旋，它们把这些幼小生命作为美味佳肴。最后能顺利到达海洋的只是一部分，这些幸存者将在海中生长发育，传承繁衍后代的新循环。但海龟是怎样找到自己的"故乡"的，目前还是一个未解之谜。

生活在我国沿海的绿海龟，其产卵期在每年的4～10月。这时节，每当晚上，它们一个接一个地从海中悄悄爬上沙滩，用后肢挖一个宽20厘米左

正在水中游泳的海龟

右、深约 50 厘米的坑，然后开始产卵。卵呈白颜色，大小和乒乓球差不多。由于卵成熟的时间不一致，它有时要分几次才将卵产完。产完卵后便用沙将洞口堵住，沙滩在阳光的照耀下，温度比较高，卵全靠自然温度孵化，其时间需要 40 ~ 70 天不等，一般在 50 天左右。海龟卵不但靠自然温度孵化，而且其性别也是由温度的高低来决定的，温度高时孵出的是雌性，温度低时孵出的是雄性。海龟是通过什么办法来维持性别平衡的，这是一个十分有趣的问题。

海龟除出生和繁殖在陆地之外，其主要生活在海中，它们既能用肺呼吸，也能利用身体的一些特殊器官直接从海水中获得氧气，它的足呈桨状，适宜于划水，海龟在陆地上虽然比较笨拙，但是到了海里却浮沉自如，它完全适应了海洋环境。海龟的个体大、活动量大，其食量比陆龟大得多，它每天要吃很多的鱼、鱼卵、虾、甲壳类和软体类以及藻类，它们的牙齿坚硬有力，能够轻易地咬碎软体动物的外壳。从海龟的生活习性来看，其长寿的秘诀，不外乎是食量大、活动缓慢，有坚硬的外壳保护。

海龟一身都是宝，它的肉味道鲜美、营养丰富，不仅其自身能长寿，而且是营养价值很高的滋补品，食用也能使人延年益寿。正是由于海龟具有很

海龟

高的食用和药用价值，结果引来了人类的滥捕乱杀。据有关自然保护组织估计，在 80 年代每年大约有 30 多万只成年的海龟葬送在人类的手中，使沿海海龟面临绝境。虽然海龟是长寿之物，但由于人的捕杀已使该物种的平均寿命降至最低点，百年龟龄的海龟已成稀罕之物。

海龟数量的减少已经引起了沿海国家的普遍关注，并且投入了大量的人力和物力进行拯救。例如巴西从 1983 年开始一直想方设法保护生活在沿海 1000 多公里海岸线附近的海龟头一年挽救了 2 万多只海龟，后来逐年上升，现在每年挽救的海龟在 27 万只以上。十多年来，被挽救的海龟总数超过了 150 万只；南太平洋保护环境组织为了制止包括印度尼西亚在内的沿海国家肆意地捕杀海龟，他们将 1995 年定为"海龟年"，试图引起人们关注海龟面临灭绝的处境；在泰国南部的普吉岛上，每年 4 月 13 日都要举行一次幼龟放生节，帮助那些刚出壳的小精灵爬向大海，防止在途中遭到其他动物的伤害；我国政府对海龟的保护历来十分重视，1985 年 5 月在广东省惠东县的"海龟湾"建立了第一个海龟自然保护区，并将海龟列为国家二级保护动物。海龟湾的面积虽说只有 0.1 平方公里，却是一个重要的海龟产卵地，产卵最多可达数十万枚。

最懒的鱼

印鱼又称吸盘鱼，是硬骨鱼纲、鲈目、印鱼科的鱼类。这只柠檬鲨特别大！长2.5米，重160公斤，附着于身上的印鱼也跟着大，印鱼长65公分，重25公斤，可说是比鱼类图鉴最大重量10至15公斤大出很多。

印鱼主要分布于热带海域，藉头顶的吸盘构造，经常贴附在大型鱼类身上四处遨游，是一种喜欢搭便车的特殊鱼类；形状像橡皮章的吸盘，是由第一背鳍特化形成的，鳍条由盘中央向两侧分裂，呈羽状排列，整个吸盘自上颚延长到胸鳍上方。

印鱼体型位一个细长的纺锤，最大的长印鱼，体长1米左右。印鱼通常吸附在鲨鱼等鲛类的大鱼身上，海龟、海豚或船壁上也是辛也栖息的地方，小印鱼比较喜欢吸附在剑鱼或鲔鱼身上。

被印鱼吸附的鱼，无法摆脱印鱼：印鱼自己想离开时，只要向前游动就可脱离大鱼，这种附在其他鱼身上的行为，鱼类学家认为是一种相互有利的共生行为，印鱼为了行动方便搭便车，它也帮被吸附的鱼清除身上的寄生虫。

大西洋中的印鱼，在6、7月产卵，地中海的印鱼在8、9月产卵，小鱼孵化后，长到3.8公分时，就可以利用吸盘吸附在其他物体表面。印鱼在搭便车途中，发现有可以吃的小鱼，就会游离被吸附的大鱼，自己设法摄食。

热带地区的土著，有时候会利用印鱼的吸盘钓海龟，把绳子绑在

印鱼

印鱼

印鱼身上，然后抛到海里，等印鱼吸附到海龟背上时，只要把绳子收上来，就可以钓到海龟。

比较常见的印鱼有长印鱼、白短印鱼和短鳍印鱼，菱印鱼、短印鱼和澳洲印鱼就比较少见了。

我国南海也有它的踪迹。印鱼有两个背鳍，第一只背鳍已经演变为一个椭圆形的吸盘。这个吸盘很奇特，它长在印鱼的头顶上，吸盘的中间有一条纵线。纵线把吸盘分成左右两个部分。每一边都有 22 到 24 对排列整齐的软骨板。吸盘的周边有一圈薄而有弹性的皮膜。这样，印鱼就可以附着在鲨鱼、海龟甚至轮船的腹面，做长途旅行了。印鱼是如何吸附在海龟和鲨鱼身上的呢？原来，每当印鱼看到大海龟和大鲨鱼路过身边，就立刻游上前去。把身体紧紧地贴在它们的身上。然后，立即将皮膜和软骨板竖起来。这样吸盘中的水就被挤出去了。这时，吸盘中成为一个真空的部分。靠着吸盘外部海水的巨大压力。印鱼就牢牢地固定住了。有人曾经测定过，一条 60 厘米的印鱼，竟然经得起 10 公斤的拉力。

渔民们利用印鱼的这一习性，就利用这一特点为自己服务。他们在捉到的印鱼尾鳍上打孔，用尼龙绳穿透，系牢。然后把它放回海里。一旦印鱼遇到大海龟，就会吸附上去。这时渔民就会毫不费力地捉到猎物。一般的，只要放出两到三只印鱼，就会捕获一只大海龟。科学家们从印鱼吸盘的原理受到启发。设计了一种打捞沉船的"人造吸盘"。在打捞沉船时，只要将"人造吸盘"贴在打捞物品上，然后用起重机将沉船提出水面。

最小的鱼

　　澳大利亚科学家正式宣布，他们确认了世界上最小、最轻的鱼。这种鱼体长仅7毫米左右，体重1毫克，一百万条才能凑足1公斤，堪称脊椎动物中当之无愧的"小字辈"。

　　设在悉尼的澳大利亚博物馆研究人员透露说，这种鱼虽然是世界上身材最小体重最轻的，但名字很有趣，叫"胖婴鱼"。这种鱼雄性平均体长仅7毫米，雌性平均体长大约为8.4毫米，估计再小的鱼钓钩对它们来说都无法下咽。

　　"胖婴鱼"外形细长，看起来像条小虫子，它们无鳍，无齿，无鳞。身体除眼睛外无色素沉着，全身透明。雌鱼在2~4周大的时候产卵，"胖婴鱼"一般寿命在2个月左右。

　　摘取世界最小鱼桂冠的"胖婴鱼"只有在澳大利亚东海岸的一座岛屿附近才能找到。科学家1979年首次发现这种纤小的鱼，但是直到目前才为其最终划清归属。现在，有关科学家已将这种鱼登记为新物种，并作为最小的脊椎动物申报了吉尼斯纪录。

　　但是，最近据法新社报道，两位来自欧洲和新加坡的科学家宣称，他们在印度尼西亚泥泞的沼泽地区又发现了一种全世界最小的鱼，其

胖婴鱼

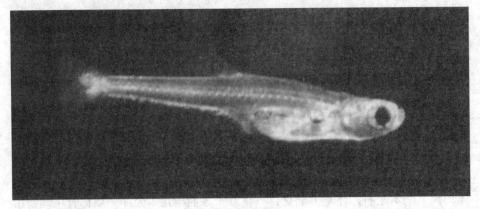

胖婴鱼

成鱼身长仅 6.9 毫米，相当于一只蚊子的大小。

新加坡国立大学莱佛士生物多样性研究博物馆研究员、瑞士鱼类学家莫莱斯·科蒂特拉和他的新加坡同行陈秀惠表示，这种鱼细小透明，是鲤鱼的远亲，学名叫 Paedocypris progenetica，生长在印尼苏门答腊和马来西亚婆罗洲酸性很高的沼泽地带。这只雌鱼比生长在西太平洋海域的原纪录保持者"侏儒虾虎鱼"还小，性功能成熟的侏儒虾虎鱼身长为 8 毫米 ~ 10 毫米。科蒂特拉说，Paedocypris progenetica 颅骨严重发育不全，因此脑袋暴露在外。

英国皇家学会于近日发布的一份报告指出，这种鱼的雄鱼拥有很大的腹鳍和肌肉，可以用于繁殖。伦敦自然历史博物馆的动物学家表示："这是在我的职业生涯中所见到的最怪的一种鱼。它很小，生活在酸性水域里，拥有怪异的鳍。但它们的栖息地面临威胁，所以我希望在它们彻底灭绝之前，我们能够找到更多的鱼。"

目前，这些沼泽地正面临种植园主、农场主烧荒以及乱砍滥伐的威胁。据研究人员介绍，这种鱼生活在茶色的水里，这些水的酸性至少是雨水的 100 倍。过去研究人员认为，这样的酸性沼泽不太可能有动物生存。但最近的研究发现，即使在这样的水里，也生活着许多独特的水生生物。

最大的淡水鱼

在色彩斑斓、形态各异的鱼类中，有一种鱼名列我国 840 种淡水鱼之首，是我国特有的大型经济鱼类。它就是素有"水中大熊猫"之称的珍稀水生动物——白鲟。因其口长达到身体的一半，所以又俗称"象鱼"。

白鲟属鲟形目白鲟科，是一种罕见而具有特殊经济价值的鱼类。其身体呈梭形，前部扁平，后部稍侧扁，吻部像是一把延长的剑，吻的两侧有宽而柔软的皮膜。这种鱼的嘴巴特别大，眼睛却特别小，看起来很不相称。全身光滑无鳞，在体侧生有数行坚硬的骨板，这些骨板起着保护身体的作用。在尾鳍的上叶有八个棘状鳞。全身均为暗灰色，仅腹部为白色，因此而称白鲟。最大的鲟鱼体长为 4 米左右，体重约 500 公斤，称得上是淡水鱼之王了。呈剑状的吻特别长，弧形的口位于吻的腹面，上下颌具有尖细的牙齿。白鲟的眼睛较小，鳃孔大，尾为歪尾型，上叶长于下叶。

1994 年 3 月 18 日，中国邮电部发行了一套 4 枚的特种邮票《鲟》，其中之一就是民间俗称象鱼、剑鱼或琵琶鱼的白鲟。白鲟是世界上最大的淡水鱼，春季在长江上游产孵，渔民有"千斤腊子万斤象"的注谚，"腊子"指的是中华鲟，"象"专指白鲟而言。当然，万斤之说不免有所夸大，但据一位名叫普拉特的法国传教士在 1892 年出版的游记中记载，他曾在长江记录到一条重 2000 磅（约 907 公斤）的白鲟。20 世纪 20 年代，我国生物学家秉志教授在南京记录过 1 尾长达 7 米的白鲟。

白鲟主要生活在长江中下游，偶尔进入沿江的大型湖泊，幼鱼常常聚集在一起在近岸自由地游弋，一般吃甲壳、小虾之类的小动物。成鱼很凶猛，以鱼为主食，一口可吞噬十几斤重的大鱼。

白鲟

　　每年的 3 ~ 4 月份，白鲟进入繁殖期，在长江上游一带产卵。一条 60 ~ 70 斤重的白鲟，其怀卵量有 20 万粒，但成活率极低，这为整个种族数量的维持带来困难。白鲟一般性成熟的年龄为 7 ~ 8 龄，性成熟较晚。幼鱼长得很快，一年后便可达到 54 厘米长、0.85 公斤重。

　　白鲟的肉味鲜美，营养丰富；它的卵也是名贵的食品；鳔可做胶质原料。这些使用价值使人们只注重经济效益，而忽略了它的数量。过去由于人们的滥捕，鲟科鱼类的数量已大为减少，成为濒临于绝种的古代遗留种类。

　　早在一亿多年前，地球上就已经出现了它们的祖先和家族。现在世界上只生存着两种白鲟，除了我国长江中的白鲟外，美国密西西比河还有一种匙吻白鲟。这一对"难兄难弟"远隔着辽阔的大西洋，确实感到非常孤单。这表明经历了长达亿年的沧海巨变，只有这两种白鲟在这两条还具备基本生存条件的河流里遗留下来，这种现象正在严肃地告诫我们，必须保护好长江和苏州的水域，千万不要让国家一级重点保护动物失去最后的一片乐园。

最古老的甲壳动物

鲎是生活在我国东南沿海的世界上最古老的甲壳动物。

鲎是栖生于海洋中的一种无脊椎动物，在动物学分类学上，鲎属节肢动物门、肢口纲、剑尾目、鲎科。目前，世界上现存的鲎为三属四种，北美洲东岸海域产的美洲鲎，属美洲鲎亚科，东南亚海域产的东方鲎、圆尾鲎、巨鲎均属鲎亚科。

据科学考究和文献报道，鲎的祖先出现在地质历史时期古生代的泥盆纪，与三叶虫（现只存化石）一样古老，当时恐龙尚未崛起，原始鱼类刚刚问世，随着时间的推移，与它同时代的动物或者进化、或者灭绝，而惟独只有鲎从4亿多年前问世至今仍保留其原始而古老的相貌，所以鲎有"活化石"之称。

鲎的外形酷似一把秦琴，全身分为头胸甲、腹甲、剑尾3部分。剑尾酷似一把三角刮刀，挥动自如，是鲎的防卫武器。鲎的嘴巴长在头胸甲的中间，嘴边有一对钳子似的小腿，帮助摄取食物，嘴的周围长有10条腿。雌鲎的4条前腿上，长着4把钳子，而雄鲎却是4把钩子。原来雄鲎总是把钩子搭在雌鲎的背上，让雌鲎背着它四处旅行。鲎的胸腹甲交接部长着一片片像桨一样的腹肢，用来游泳，同时也是它的呼吸系统。鲎一旦被逼离开海水，要经过好几天才死，比蟹类有更强的生命力。

丑陋而懒惰的鲎，对"爱情"却很专一，每当春夏季鲎的繁殖季

鲎

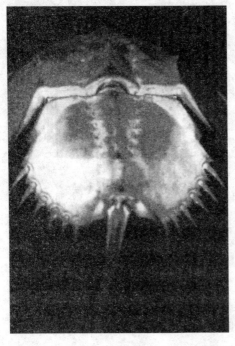

金门鲎

节，雌雄一旦结为夫妻，便形影不离，肥大的雌鲎常驮着瘦小的丈夫蹒跚而行。此时捉到一只鲎，提起来便是一对，故鲎享"海底鸳鸯"之美称。鲎生活在温暖的海洋中，冬季需到较深的海域越冬。每当春末夏初，水温上升时，鲎从深海游向沿岸沙滩，雌雄抱合，在中潮带泥沙中挖穴产卵，受精卵依靠太阳能量孵化，经过 5 ~ 6 周时间，幼虫出膜，称为三叶幼虫。雌鲎一生中要蜕皮 18 次，雄鲎 19 次，约 15 年才能成熟，一旦成熟之后，就不再蜕皮。

鲎有埋沙的习性，用胸甲锐利的后缘插入，将身体慢慢埋入泥沙之中，有时只露出尾巴在外。鲎有 5 对粗壮发达的步足，用来爬行与挖掘、寻找底栖的食物。鲎的食性很杂，如薄壳的贝类、环节动物中的沙蚕、星虫、海葵，甚至动物的尸体等。

鲎有四只眼睛。头胸甲前端有 0.5 毫米的两只小眼睛，小眼睛对紫外光最敏感，说明这对眼睛只用来感知亮度。在鲎的头胸甲两侧有一对大复眼，每只眼睛是由若干个小眼睛组成。人们发现鲎的复眼有一种侧抑制现象，也就是能使物体的图像更加清晰，这一原理被应用于电视和雷达系统中，提高了电视成像的清晰度和雷达的显示灵敏度。为此，这种亿万年默默无闻的古老动物一跃而成为近代仿生学中一颗引人瞩目的"明星"。

鲎的血液中含有铜离子，它的血液是蓝色的。这种蓝色血液的提取物——"鲎试剂"，可以准确、快速地检测人体内部组织是否因细菌感染而致病；在制药和食品工业中，可用它对毒素污染进行监测。

最古老的动物化石

一只远古小虫，翻开早期生命演化史的重要一页——中科院南京地质古生物研究所研究员陈均远等人在贵州省瓮安县的前寒武纪地层中，首次发现迄今最古老（距今5.8亿年）的两侧对称动物化石。这项发现在科学界激起巨大波澜。

这个古老动物体长仅0.2毫米，却保存了一对体腔、成对排列的感觉窝等两侧对称构造。该动物剖面的外胚层、内胚层和完全中胚层清晰可见。在它的消化道前端有一个向腹部张开的口，紧接口部的咽道由多层构造的咽壁所包绕。这一动物构造的复杂性显示出它已处于成年期的发育阶段，表明在寒武纪之前4000万年，动物分化成多样的身体形状和大小所需的基因工具也许已经进化出来了。

有专家认为，该化石发现的最大意义在于挑战了"寒武纪大爆发"理论。5.4亿年前，生物界发生了一场划时代的变化。目前科学界认同的理论是，之后地球上突然出现了此前从未出现过的多细胞动物，而且数量巨大。此次"贵州小春虫"的出现时间却在寒武纪之前4000万年前。它所生存的时间相当于我们地球雪球事件的严冬刚刚过去、早春刚刚来到的瞬间，于是陈均远等将这一古老的动物命名为"小春虫"。

动物的进化大概经历了三个主要阶段：从躯体的不对称到辐射对

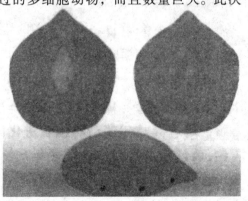

小春虫

"贵州小春虫"模拟图

称，再到两侧对称。只有跃进到两侧对称阶段，才可能形成复杂的神经系统和器官结构，使动物的运动机能大大提高，因此两侧对称是从低级动物通向包括人类在内的高级动物的至关重要的一环，"小春虫"正好验证了这一历史性转折。

陈均远教授认为，这一古老微型动物主要生活在浅水潮下高能带。在这一地带，由于水流和海浪极为活跃，这些大小只有 0.2 毫米的动物随时都有被水流和海浪卷走的危险。

那么，"小春虫"是否就是人类的鼻祖？陈均远答曰："不排除这种可能，但是现在还没有证据证明这一点，尚需后续研究不断跟进。"

我国贵州瓮安动物群研究再传喜报，因澄江动物群和寒武纪大爆发研究获得国家自然科学一等奖的陈均远，在贵州瓮安发现的 5.8 亿年前的贵州小春虫化石，显示了古老的两侧对称和真体腔特征，将两侧对称动物可靠的化石记录历史前推到了寒武纪之前 4000 万年，为探索真体腔动物的起源提供了重要的线索，表明真体腔很可能是两侧对称动物的一个古老特征。

包括人类在内的所有脊椎动物，以及扁形动物、环节动物和节肢动物等比较高等的无脊椎动物，身体都是两侧对称的：沿着头尾方向的主轴有一个对称面，因而身体有前后、背腹、左右的分化。这种发育上的分化在动物演化上出现得较晚，更早期的动物演化经历了不对称、球形对称和辐射对称等演化阶段，最终演化出两侧对称的动物。

美国《科学人》杂志载文指出，中科院南京地质古生物研究所陈均远教授等人在贵州翁安县一座磷矿中发现的距今5.8亿年的"贵州小春虫"，被科学界认为是迄今最古老的两侧对称动物，即像今天的苍蝇、鱼或人一样，拥有了对称而不是圆形的结构。这一发现将两侧对称动物化石的记录提前到了寒武纪前4000万年，即距今5.8亿年。

美国《科学》杂志在公布这一发现时发表评论称，"贵州小春虫"的发现，拉开了动物世界在地球崛起的伟大序幕，动物世界的故事由此展开。

科学家认为，"贵州小春虫"所代表的动物从辐射对称到两侧对称的演化，意味着一系列遗传基因的重要创新，并由此促进生命的形态、行为向更复杂的阶段快速发展。

德国柏林技术大学教授奥德曼认为，"贵州小春虫"的发现具有先驱意义，它开拓了科学家对早期生命研究的视野。

最古老的今鸟类化石

自 1861 年德国首次发现始祖鸟化石，鸟类起源成为生物学界最感兴趣的课题之一。然而，现代鸟来源于哪里？最近在我国甘肃省发现的鸟类化石，证明了现代鸟类的起源——来自水生。

"甘肃鸟"是如何发现的？论文第一作者、中国地质科学院的尤海鲁，在美国华盛顿举行的新闻发布会上介绍说，在甘肃省玉门市昌马乡附近一处偏远的湖床遗迹中发现多枚保存完好的"甘肃鸟"化石。它们虽然无头，但骨骼较完整，未碎裂，有些还残存趾间蹼和其他软组织。他认为，湖泊的静态环境使这些化石尤其是软组织部分在页岩沉积中"非常漂亮地保存至今"。

其实，科学家早在 1981 年就发现了"甘肃鸟"化石，只是那时仅仅找到了鸟类的部分后腿化石。1983 年，这里首次发现了一个保存了一侧不完整的后肢的古鸟类化石，后被命名为"甘肃鸟"。但 20 多年来，很少有人再去昌马做研究。直到 2002 年，尤海鲁抱着试试看的心情前往昌马，在当地农民甚至孩子的帮助下，在工作的第 7 天就发现了一个"甘肃鸟"翅膀的化石。从 2003 年起，中国地质科学院尤海鲁领导的科研小组与甘肃省地矿局第三地质矿产勘查院和美国卡内基自然历史博物馆科研人员合作，对甘肃昌马盆地早白垩世地层进行考察和挖掘，发现了大量精美的鸟类、鱼类和

甘肃鸟复原图

两栖类脊椎动物化石。

由于条件的限制，长期以来人们对玉门"甘肃鸟"的整体形态特征和系统分类的认识知之甚微。直到这次中美科学家运用分支系统学的方法，对挖掘出的包括"甘肃鸟"在内20余种主要中生代鸟类的200余条性状进行分析研究，才发现甘肃鸟与北美晚白垩世的鱼鸟和黄昏鸟的亲缘关系密切，它们与现生鸟类共同构成了今鸟类。这一系统关系的确定，将今鸟类化石纪录提前了约3000万年。

甘肃鸟骨骼

这一古老鸟类长得什么样？它是如何生活的？从论文对5具"甘肃鸟"化石的分析得知，"甘肃鸟"大约生活在1.15亿年前的白垩纪早期，与现代鸽子一般大。而且，它与现代鸟类有着很多共同特征，包括羽毛、骨骼、脚蹼。甘肃鸟前肢形态及羽毛特征显示出它具有很强的飞行能力，至少能从水面起飞。

有趣的是，其中一件标本还保存有像蹼一样的印痕，结合其他后肢骨骼学特征推断，它应当也非常适应水中生活。其后腿和蹼足的细节显示，它可能是靠足推进的潜水鸟，很像现代的鸭子、鹳或潜鸟，不过它们的潜水能力要逊色得多。另外，"甘肃鸟"骨骼中空程度低，因此较重也较笨拙。

据尤海鲁介绍，"甘肃鸟"所处环境要更加温暖湿润，它们可能以鱼、昆虫为食，偶尔也吃植物，但其饮食结构只有找到头部化石后才能确定。尤海鲁说，"随着一层层泥浆层的揭开，一亿年前的世界将展现在我们面前。"

"甘肃鸟"之外的几种原始今鸟类也显示出对水生环境的适应。不过，现代鸟的某些早期成员也许很快转移到陆地，如鸵鸟和鸡的祖先也可上溯到白垩纪早期。这种两栖生活方式是否与现代鸟类祖先躲过白垩纪生物大灭绝事

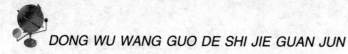

件相关，目前尚不能下结论。

中美科学家一致认为："甘肃鸟"是地球上繁衍生息的现代鸟类最早模型，现生鸟类在白垩纪的共同祖先很可能生活在水栖环境。

美国匹斯堡的卡内基自然历史博物馆的马特·莱蒙纳兴奋的说，"现在，研究人员有了多枚几乎完整的'甘肃鸟'化石"。大多数来自恐龙时代的鸟类祖先都已灭绝，没有形成现代鸟类。但"甘肃鸟"是个例外，所以它是连接原始鸟类和现代鸟类的桥梁，填补了古代和现代鸟类之间的空缺，对深入研究食肉恐龙向现代鸟类的进化转化提供了重要依据。

美国宾夕法尼亚大学的彼得·道德森评价说，"从始祖鸟开始的鸟类进化树上，'甘肃鸟'是现代鸟类最古老的模型。"今鸟类包括所有的现代鸟类和它们最近的灭绝亲缘鸟类，该发现使今鸟类的历史推进至 1.1 亿年前，而此前最古老的化石的历史仅为 9.9 千万年。而且，这也为现代鸟类从古代环境中进化提供了远古的证据。

参与研究的美国卡内基自然历史博物馆的马修·拉曼纳说，今鸟类化石"在白垩纪早期相对罕见，这是'甘肃鸟'令人激动的原因之一"。这一发现填补了鸟类进化树的空白，也为现代鸟类水栖起源的观点提供了有力佐证。昌马也因此成为以今鸟类为主的最古老鸟化石遗址。

最早有喙的鸟类

现生的鸟类全都没有牙齿，它们靠鸟喙取食，但在远古的中生代大多数的鸟类却还没有这一结构，取而代之的是嘴中的牙齿。1995年命名的孔子鸟是世界上已知最早有喙的鸟类。

孔子鸟（confuciusornis，或见据其拉丁文音译孔夫子鸟）是一种古鸟属，其化石遗迹在中国辽宁省北票市的热河组，即四合屯和李八郎沟等白垩纪时期的沉积岩中发现。在现已公开的化石标本中，其骨骼结构十分完整，有着清晰的羽毛印迹。这一切使得孔子鸟成为最出名的中生代鸟。根据其出土的地点地质形成史推断，这种鸟生活在距今1.25到1.1亿年左右，即西方学者称的白垩纪早期和中国学者称的晚侏罗世。孔子鸟是目前已知的最早的拥有无齿角质喙部的鸟类。

隶属于鸟纲孔子鸟目孔子鸟科孔子鸟属，生存于距今约1.4亿年前的侏罗纪晚期，分布于中国辽宁省北票市上圆乡。其主要特征是：前颌骨和下颌骨具有规律的沟纹构造，不具牙齿；肱骨近端膨大，有一气孔；第一指骨爪大，其高度超过第一指节骨；第三掌骨较细，腕骨和掌骨不愈合：坐骨粗大，近端有一向上的突起，远

孔子鸟复原像

端厚而圆；耻骨后展：第五蹠骨仍较发育，趾爪大而弯曲。该标本采自辽宁省北票市上圆乡晚侏罗世义县组下部，保存的完好程度极为罕见，于1997年收藏。圣贤孔子鸟与始祖鸟属同时代的原始鸟类，但它又以具有角质喙等特征而比始祖鸟进步。

孔子鸟的形态与德国的始祖鸟有许多相近的特征，例如，头骨没有完全愈合，肱骨比桡骨长，手上长有3个带爪的指，等等。孔子鸟的个体与鸡的大小相近，上下颌没有牙齿，有一个发育的角质喙嘴；它的脊椎骨退化，胸骨发育，尾巴很短。从进化角度来看，孔子鸟的形态特征比始祖鸟显得进步，生活时代也应该比始祖鸟晚。不过孔子鸟的研究者、中国科学院古脊椎动物与古人类研究所的侯连海研究员当初认为，孔子鸟的形态与上中农近似，它们的时代也大致相当，即都是距今大约1亿4千万年前的侏罗纪晚期。

应该说，鸟类的起源是个谜。现在一般认为，鸟类起源于恐龙，也有说法是，鸟类是恐龙的近亲。在中国发现的带羽毛的恐龙和孔子鸟，在德国发现的始祖鸟，都是支持这一说法的论据。但目前这一说法的正确性并不是100%受到肯定。孔子鸟的描述者侯连海就坚持认为，从拥有双弓型头骨的杜氏孔子鸟来看，鸟类起源于初龙类，而非恐龙。即是说，初龙类是鸟类，恐

孔子鸟化石

龙，鳄鱼和蜥蜴的共同祖先。

就恐龙—鸟类这一进化方向上，其实也有很多不同的观点。比如认为，两脚直立的恐龙首先从地上生活转移到树上生活，上肢仍然短小。经过一段时间后，这些恐龙会在两树之间跳跃，上肢长长，开始出现羽毛。后来这些带羽毛的上肢成为它们的"降落伞"，进行滑翔。直到最后最终成为可以飞行的翅膀。从始祖鸟的化石来看，在1亿5千万年前的鸟类始祖，有明显的鸟类特征，但同时也带有明显的爬虫类动物特征。其爬行类的特征为：口有牙齿；尾由18—21个分离的尾椎骨构成；前肢有3枚分离的学骨，指端具爪。其鸟类的特征为：有羽毛，有翼；骨盘为"开放式"；后足具4趾，3前1后。体形大小如乌鸦，只能滑翔，尚不能飞行。它正是当时达尔文进化论在鸟类进化上所预言的"缺失的一环"，同时也是进化论正确性的一个证据。而孔子鸟，根据其解剖特征，例如尾椎融合为尾综骨和无牙的喙部，则在始祖鸟的基础上向现代鸟类更进一步。虽然孔子鸟还保留了某些爬行类动物的特征，如双窝型颅骨。但无疑，孔子鸟离"爬行类动物"的血缘关系比起后者与始祖鸟来说，是更远了。

但让人难以理解的是，在短短3千万年内，鸟类的进化如此之快，因食物性质的改变和鸟类嗉囊的出现，使得由始祖鸟的有牙口部发展到孔子鸟无牙的角质喙。而始祖鸟23节尾椎骨到了孔子鸟身上，则融合为尾综骨。

产卵最多的鱼

　　一般的鱼，一次产卵几十万粒、几百万粒。生活在海洋里的翻车鱼，一次可产卵 3 亿粒，创造了产卵的最高纪录。

　　翻车鱼产如此多的卵，是否子孙满堂，充满海洋呢？事实并非这样。其一，翻车鱼是大洋性鱼类，环境变化无常，它的卵和幼鱼有的经过暴风骤雨、汹涌波涛的袭击、成了大自然的牺牲品。有的成了肉食性鱼类和其他海洋生物的腹中食，活下来的仅仅是百万分之几。所以需要多产卵才能逃脱大自然的无情淘汰；其二，翻车鱼虽然体长 4 米多，重 1400～3500 公斤，但它的游泳能力极差，几乎到了随波逐流的地步，自卫能力很差，只有产卵多，才能保存种族。翻车鱼的软骨特别多，也是世界上最重的多骨鱼。

翻车鱼

在距南加利福尼亚海岸约32.2公里的地方，有三位科学家乘坐的研究船遇上了一大块巨藻，与此同时，一个巨大的海洋翻车鱼从船边跃出水面，并很快消失在水中。几分钟后，另外两只巨大的翻车鱼侧着扁平的身子浮了上来。科学家们带上潜水器跳入海中，以便再近一些观察翻车鱼。大约在水下 3 米深的地方，他们看到了近在眼前排成一队的翻车鱼。

翻车鱼

研究人员游近时看到，大约有16条翻车鱼，它们的颜色和身体图案各不相同，黑灰色、焦油色，有的还有斑点，腹部全都为白色。这些鱼好像对人的到来毫不在意，年幼的半月鱼则围着翻车鱼游动，吸食翻车鱼身上的寄生虫。

翻车鱼缺少真正的尾巴，它只有一个巨大的头，因而它得到了一个德文绰号意为游泳的头。它的拉丁名字"翻车鱼"是伟大的瑞典自然学家林纳所命名。翻车鱼还有一个常见的英文名字叫太阳鱼，原因是它们经常侧着身体在水面上，边休息边晒太阳。有些生物学家相信，这样的晒太阳——是与剑鱼和皮背海龟共有的特点——可能是一种温暖身体以加速消化的方法。另外小鱼和海鸟还可以啄食附在翻车鱼体上的寄生虫在所有热带和温带所发现的翻车鱼都爱吃小鱼、马（鱼则）、甲壳动物、海蜇、胶质浮游生物和海藻，但他们最喜欢吃的食物还是月形水母。

海洋翻车鱼能在深水中追寻食物。1987 年在巴哈马 540 米深处的潜艇曾拍摄过翻车鱼觅食的镜头。翻车鱼是河豚科的巨型亲戚，是所有多骨鱼中最重的鱼种，体重可达 3000 公斤。早在 30 年代，美国自然史博物馆的鱼类学家古格就曾对翻车鱼进行过研究，并宣称巨大的翻车鱼是动物界的生长冠军。它们的幼鱼仅有 0.25 厘米长，而长到成年鱼时可达 3 米长，体重比幼鱼时增加了 6000 万倍。

虽然翻车鱼体重可达 2 吨半，但它性情温和可接近。雌鱼可带 2000—5000 万枚卵。有人曾发现，有一条雌翻车鱼带有 3 亿枚卵，这可能是世界之最了尽管它们的体形大，形状奇特，但是翻车鱼能和谐地拍打长长的背鳍和另一边的臀鳍，就这样交替使用两鳍在水中游泳。

翻车鱼身体的后部几乎难以称其为尾巴，对游动几乎毫无用处，它起的作用很像一个舵。翻车鱼拥有令人难以置信的厚皮，它的皮由厚达 15 厘米的稠密骨股纤维构成。

19 世纪时，渔民的孩子们会把厚厚的翻车鱼皮用线绳绕成有弹性的球玩。翻车鱼皮上可以有多达 40 多钟不同的寄生虫，就连它们身上的寄生虫身上也有寄生现象。翻车鱼性情温顺，因而常受到人类、虎鲸和海狮的袭击。入夏时节，当大量年幼的翻车鱼随着充足的食物、温暖的洋流进入蒙特雷湾时，加利福尼亚海狮就经常袭击它们。海狮常常撕咬翻车鱼的背鳍和胸鳍，并向水面上攻击它们。如果海狮撕不开翻车鱼厚而硬的皮，它们便把失去活动能力的翻车鱼，像玩飞盘一样抛向水面，成为凶残的海鸥的美餐。

二、动物之谜

苍蝇为什么不会生病

苍蝇是臭名昭著的"逐臭之夫"，垃圾堆、腐烂的动物尸体都会引来成群结队的苍蝇。苍蝇到处传播疾病，对人类危害极大。令人奇怪的是，苍蝇全身都带着病菌，而自己却从不被病菌所感染，从生到死都不会害病，其中的奥秘在哪里呢？

许多生物学家、病理学家对苍蝇进行研究后发现，苍蝇对付疾病，有独特的本领。它吃了带有多种病菌的食物后，能在消化道内进行快速处理，把无用的废物和病菌很快排出体外。苍蝇从进食处理、吸收养分一直到将废物排出体外，一般只需要 7～11 秒钟，细菌进入苍蝇体内后没等繁殖子孙就已被苍蝇排出了体外。如此高速度、高效率的处理方法，是其他动物望尘莫及的。一般的哺乳动物从进食到排便，最快的也要几十分钟，有的要几个小时；而人类在正常情况下，是 24 小时排便 1 次，所以当人们吃了带有病菌的不洁食物后，一旦不能把病菌及毒素迅速排出体外，病菌就会在体内"兴风作浪"，给人体造成危害。

虽然苍蝇有快速排出病菌的本事，但有些细菌也有快速繁殖的能力。遇上这些对手时，病菌就会在苍蝇体内大肆活动。不过，苍蝇也有对付的办法，那就是在不得已的情况下，动用自己体内的"原子弹"和"氢弹"。意大利科学家莱维蒙尔尼卡博士经过研究发现，当病菌侵犯苍蝇机体时，苍蝇的免疫系统就会"发射"BF_{64}、BD_2 两种球蛋白。这两种球蛋白就像人类使用的"原子弹"、"氢弹"一样，射向病菌并爆炸，与"敌人"同归于尽。有趣的是 BF_{64}、BD_2 球蛋白从免疫系统"发射"出来时，总是一前一后，成双成对，从不错乱，而且"发射"快，"制造"也快，很快就能将"敌人"消灭。

值得指出的是，BF_{64}、BD_2 的杀菌力要比青霉素强千百倍。如果能提取苍蝇体内的 BF_{64}、BD_2 用于人类治病，那将给病人带来福音。

昆虫为何具有卓越的建筑技巧

在我国广西和云南两地的南部以及海南岛，都有许多耸立在那里像塔一样的"建筑物"。这是白蚁为自己建造的巢，人们称它为"蚁塔"。

蚁塔一般高为 2 ~ 3 米，最高的竟达 6 米。它主要是用泥土以及少量的白蚁分泌物和排泄物建成的，这种建筑很结实，风吹雨淋也不会倒塌。

蚁塔内部结构极为复杂。通常有 1 个主巢和 3 ~ 5 个副巢，巢内又分隔开，形成许多小室。一般主巢的中部，是蚁王和蚁后的"王室"，此外，还有孵化室、羽化室、仓库等。蚁塔内还建有一些竖直的空气调节管道，以及沟渠和堤坝，用来流通空气和排除流入的雨水。

在河里、水洼及沟渠等处，人们还可以看见沼石蛾幼虫建造的精巧而细致的"套子房屋"。沼石蛾幼虫下唇末端有一块不大的唇舌，上面有丝腺孔，孔中分泌出一种能在水里迅速凝固的黏性物质，幼虫把这种黏性物质涂抹在小介壳、沙粒及植物碎屑等物的上面，并把它们粘起来。幼虫还把这种分泌物抹在套子房屋的内部，让"房子"光滑、整洁。

沼石蛾幼虫还能够利用其他的东西作为建筑材料。有人试验证明：给它小玻璃球或捣碎的玻璃屑，它就会造出一座小巧玲珑的玻璃房子。

蜜蜂的建筑更让人难以相信，如果你仔细观察蜂巢，就会发现它是由无数六角柱状体的小房子联合起来的。房底呈六角锥体状，它包括 6 个三角形，每 2 个相邻的三角形可以拼成 1 个菱形，1 个房底由 3 个相等的菱形组成。18 世纪初，法国学者马拉尔琪经过仔细测量，发现每个房底部 3 个菱形截面的角度都相等，菱形的锐角为 $70°32'$，钝角为 $108°28'$。经过计算得知，以这样的菱形而组成的蜂巢结构，容量最大，而所需的建筑材料最少。

这些昆虫为什么具有如此卓越的建筑技巧才能呢？至今还没有人能解开这个谜。

鸟类为什么要迁徙

鸟类为了生存，每年到了一定的季节，都要由一个地方飞往另一个地方，过一段时间又飞回来，人们把鸟类的这种移居活动，叫作"迁徙"。

鸟类为什么会有迁徙现象呢？

有的科学家认为，远在10多万年前，地球上曾出现过多次冰川期。冰川来临时，北半球广大地区冰天雪地，鸟类找不到食物，只好飞到温暖的地方。后来冰川逐渐融化，并向北方退却，许多鸟类又飞回来。由于冰川周期性的来临和退却，就形成了鸟类迁徙的习性。如果真是这样，那么鸟类的迁徙现象早在几百万年前就存在了。

有的科学家认为，鸟类迁徙的根本原因是受体内一种物质的周期性刺激而导致的。这种刺激物质可能是性激素。有时候，由于这种物质刺激导致的迁徙本能，可能超越母性的本能，因此，在这些鸟类中往往可以看到，当迁徙季节来临时，雌雄双亲便抛弃刚出生的小鸟而远走他乡。

也有的科学家用生物钟来解释鸟类迁徙现象。

现在，人们普遍认为，鸟类的迁徙与外界环境条件的变化和它自己内在生理的变化有着密切的关系。

而鸟类的迁徙总是按固定不变的路线飞行，从不迷失方向，这是为什么呢？

有的科学家认为，鸟类是通过视觉，依据地形、地物与食物来辨认和确定迁徙路线的。而有的科学家认为，鸟类在白天迁徙时是以太阳的位置来辨认迁徙方向的，夜晚则以星宿的位置确定飞行的方向。有的科学家则认为鸟类的迁徙路线是靠鸟类对地球磁场的感应确定的。

科学家们对鸟类为什么迁徙和鸟类迁徙为什么不迷失方向等问题各有其理，究竟谁是谁非，还需要科学家们进一步深入研究才能确定。

企鹅识途之谜

　　科学家们在南极发现，那里的企鹅每到冬季就出海，到未结冰的地方去捕鱼为生；等春天到来的时候，它们又长途跋涉，回到自己的故乡，并且准确无误。这一段距离足有几百里，甚至上千里。要知道，南极洲是一片茫茫雪原和冰川，没有任何目标可供企鹅识记。

　　为了揭开企鹅识途之谜，科学家们曾做了这样一个实验。他们捕捉了5只未成年的企鹅，在它们的身上做了标记，然后把它们转移到距离它们的故乡1900千米以外的被冰雪覆盖的5个不同地点放掉。1个月以后，它们靠步行、滑行和游泳，穿越没有任何标志的冰川雪原，一个不少地回到了故乡。

　　这使科学家们困惑了。本来，人们采用了现代化的技术，对候鸟往返、动物迁徙、鱼类洄游等现象进行研究，可至今还没有得出令人满意的结论。企鹅这种独特的识途能力又向科学家们提出了挑战。为解开企鹅识途之谜，各国的动物学家纷纷奔赴南极进行研究和观察。

　　在南极洲，科学家们做了各种各样的试验。有人在远离企鹅故乡几百千米以外的地方，将一只只企鹅分别放进洞穴里，在上面盖上盖子。那里一马平川，没有任何标记和特征。然后他们在3个不同位置的观测塔上观察放企鹅的地方。过了一段时间，企鹅从洞里出来了，起初，那几只企鹅不知所措地徘徊了一阵，随后就不约而同地把头转向同一个地方——它们的故乡所在的方向。经过多次观察，科学家们初步认定，企鹅识途与太阳有关，而与周围环境无关。它们体内的"指南针"是以太阳来定向的。但是，企鹅要想用太阳来定向，它就必须具备与太阳相配合的体内时针，以便能从某一特定时刻的太阳位置来推定出哪儿是它们的家乡。可是，企鹅的体内时针是什么？它又是怎样与太阳相配合的？这些人们一时还说不清楚。

鱼类洄游之谜

在鱼的世界里，有些鱼类如鲑鱼、鳗鱼和鲱鱼等，就像候鸟一样，在大海里成长，在淡水河流里繁殖。让人费解的是，这些鱼在万里水域中洄游，它们既看不到星星，也无法利用地形目标，它们是怎样辨认出往返的路线的呢？这使科学家们大伤脑筋。

就拿鲑鱼来说吧，它出生在淡水江河里，生长发育却是在遥远的大海里，这段路程足有上千里，甚至上万里。它们为了回故乡产卵，不得不穿越一道道激流险滩。当它们回到故乡后一个个已经累得筋疲力尽，产完卵后，就该寿终正寝了。问题是它的洄游不是在短期内，往往需要几年才能返回一次。因为一条鲑鱼在江河里出生后，到大海里生长，需三四年才能够性腺成熟，返回江河里来产卵。事隔这么多年它怎么还能记住洄游的路线呢！

一些动物学家从水流、气温、饵料等方面来探讨鱼类洄游的原因。最近由于鱼类"识别外激素"的发现，把这一问题的研究推进了一步。这种物质可以使鱼之间区别同一种类的不同个体。比如母鱼产仔后，就会放出这种物质，幼鱼嗅到后，就会自动待在一定的水域，以利于母亲进行照料和保护；相反，幼鱼也会放出这种物质，以便母亲相认。有人分析，会不会在鱼类出生的地方有着某种特异的气味，把千里以外的鱼吸引回来呢？但令人不解的是，这种气味能存在三四年吗？它们洄游有海路也有江河，难道这种气味就不发生变化吗？因此有人猜测，除了这种"识别外激素"之外，还应有一种东西作用于鱼类的洄游。那么，这种东西是什么呢？

老鼠为何不能绝迹

老鼠在哺乳动物中，个体数量最多，分布最广，但它给人类带来很大的危害，可算是人类的敌人，多少年来，人们一直在想方设法消灭老鼠，但始终不能使它绝灭。

人们先用机械的办法捕杀老鼠，但这种办法杀灭老鼠的数量十分有限。近几十年来，人们发明了许多杀灭老鼠的药物。可每次用一段时间后，这些药物也就失去了作用。据说，苏格兰的一个农户发现了不怕老鼠药的老鼠。科学家研究发现，这种老鼠已具有遗传性的抗药能力。也就是说这种老鼠已具备了抗药的基因，它们的"子子孙孙"也都能抵抗药害。

老鼠不但不怕药害，而且连具有强大杀伤力的核放射也不怕。据 1977 年 7 月的美国《地理杂志》报道：第二次世界大战之后，美国在西太平洋埃尼威托克环礁的恩格比岛和其他岛屿上试验原子弹，炸出一个巨大的弹坑，炸

断了所有树木，同时放射出强大的射线。几年后，生物学家来到恩格比岛，发现岛上的植物、暗礁下的鱼类以及泥土都还有放射物质，可是岛上仍有许多老鼠。这些老鼠长得健壮，既没有残疾，也没有畸形。这可能与老鼠洞穴有一定的防御作用有关。然而，老鼠本身的抵抗能力也是十分令人惊讶的。

有趣的是，老鼠也有"集体自杀"的现象。

在挪威、瑞典等北欧地区，有一种老鼠，叫"旅鼠"。这种老鼠体长10～15厘米，尾巴短，毛呈黑褐色。每隔三四年，当旅鼠缺乏食物时，就成群结队地离山而去。它们跋山涉水，前赴后继，勇往直前，沿途的植物全部被吃完。它们一直走到大海边，跳入海中，全部被淹死。

1981年春，在西藏墨脱的一个江边拐弯处，成群的老鼠从四面八方聚集在那儿，集体从山崖顶上往江里跳。结果所有老鼠都被翻腾的江水淹死了。

老鼠"集体自杀"的原因还不清楚，有的科学家认为，可能那些到了海边的老鼠，认为海洋也只不过是一条它们可以游过的小溪或一潭水，而没有意识到那是游向死亡。

从表面上看，每一次自杀的老鼠数量很大，然而，与老鼠的总体数量相比，那就像大海中的一滴水了。

老鼠为什么不能灭绝，它为什么有如此大的抵抗能力呢？要揭开这些令人费解的谜，还需要科学家们不断地探究。

野兽为什么会抚养人孩

1972 年 5 月，印度人那尔辛格正骑自行车穿过森林时，忽然看见一个大约 3 ~ 4 岁的小男孩，正爬着与 4 只小狼玩耍。

那尔辛格上前抓住这个小孩，并把他带到村里。这个小孩牙齿锋利，一路上把那尔辛格的双手咬得鲜血直流。

那尔辛格把这个小孩当作赚钱的工具，让他与狗一起，到处展览、表演，过着悲惨的生活。人们把活着的小鸡投给他，他竟马上抓住啃咬起来。

5 个月之后，他才开始艰难地学用双腿走路。

1981 年 1 月，他被送到一家医院进行治疗。在医院里他"野性不改"，见到地上的蚂蚁，就抓起来往嘴里塞；睡觉或休息时，他总是面朝下趴着，向前伸出双臂，向后伸双腿。

这个小孩就是人们所说的"狼孩"。此外，1964 年，又在立陶宛发现一个"熊孩"，他走路摇摇晃晃，喜欢敲打树木，会发出咆哮，一副十足的熊样；1974 年，还发现两个"猴孩"，他们像猴一样跑跳、爬树，只吃香蕉。

这些小孩由于脱离了人类，较长时间与狼、熊、猴等野兽共同生活，因此，他们的生活习性便像与他们共同生活的野兽了。

当他们回到人类社会后，尽管会慢慢地往"人性"方面发展，但由于错过了心理上、生理上发育的最好时期，因此，他们在各方面也仍比一般儿童落后。

人们难以相信，凶猛的野兽为什么不伤害小孩，反而变得"温柔"起来，并把人孩抚养大呢？

　　科学家们在考察中发现，那些抚养人孩的野兽都是雌性的。因此，有人认为，也许是母兽生下小兽时间不长，小兽就死了，母兽的乳汁无法排出，胀得难受，恰巧遇到被遗弃的人孩，于是就让他吸乳汁。

　　然而，事实上，有的母兽在"抚养"人孩的同时，还哺育着自己的小兽，因此乳汁多到"胀得难受"的说法也难以让人信服。

　　至今还没有一个恰当的理由来解释母兽为什么要抚养孩子这个问题。

动物也有心灵感应吗

动物和人一样，也具有超常感本能，它们也能够预感危险，这就是它们的心灵感应。

在美国，有只两岁的英格兰血统牧羊犬博比，它的主人名叫布雷诺，家住美国俄勒冈州。1923 年 8 月，布雷诺带着小狗博比从俄勒冈州去印第安纳州的一个小镇度假时，博比不幸走失了。从此博比开始了它神奇、惊险、而又极不平凡的超常旅程。博比用了 6 个月的时间，历尽千难万险，历经 3000 里路程，终于从印第安纳州回到了俄勒冈州的家，找到了它的主人。

对于博比这次艰险的 3000 里旅程，很多人觉得简直难以置信，为了进一步证实这次旅程，俄勒冈州的"保护动物协会"主席返回到博比走失的原地点，勘查了这条小狗所走过的所有路径，访问了沿途许许多多见过、喂过、收留它住宿、甚至曾经捉过它的人，最后证实了这一切确实可信。

在人们都赞扬博比的忠诚、勇敢、坚毅的同时，科学家却想到了一个不可思议的问题，博比在几千里外是怎么找到路回家的？当初他的主人是开车走的公路，博比并没有沿着它的主人往返的路线走，而它走的路与主人开车走过的路一直相距甚远。事实上，根据动物协会勘查的结果，博比所走过的几千里路是它从来没有见过、没有嗅过，也根本不熟悉的道路。

对博比这次旅程经历研究的结果使人们相信，这条小狗之所以能回家，是靠着一种特殊的能力和感觉觅路的，这种本领与已知的犬类感觉完全不同。有人认为动物这种神秘的感觉和能力是一种人类尚未了解的超感知觉，或者称之为超常感。这个名词源于希腊文的第 23 个字母，用于代表自然界动物的超自然感官本能。它指的是有些动物能够以超自然的感觉感知周围的环境，或者与某人、某事，或与其他动物之间有着心灵的沟通。然而，这种沟通似乎是通过我们人类并不知道又无法解释的某些渠道进行的。

在意大利，有只名叫费都的小狗，它的主人去世后它非常伤心，以至为它的主人默默地守墓 13 年，不论别人怎么想把它弄走，它始终不肯离去。

多少年来，在世界各国都发现了很多动物的超常感行为。例如，它们有的会跑到从来没去过的地方找到主人，有的似乎还能预感到自己主人的不幸和死亡，有的能预感到即将来临的危险和自然灾害。如地震、雪崩、旋风、洪水以及火山爆发等。

1976 年唐山大地震之前的四五天，就有好多人发现家里鸡犬不宁，猪、狗乱叫，一向很怕见人的老鼠一反常态拼命地逃离房屋，往大街上乱窜，动物园里的动物也莫名其妙地横冲直闯。据有关报纸称，1999 年 8 月在土耳其发生大地震之后，地震严重的灾区平时人人喊打的老鼠一下子身价百倍，很多惊恐不安的灾民之所以想在家里养一只老鼠，原因很简单，因为他们发现地震来临之前，老鼠总是先有异常的表现。

动物的主人在大祸来临时，可能会影响动物的超自然感觉。反过来，也可能影响动物的主人。曾担任加拿大总理 22 年的麦肯齐·金就曾预感到他自己十分喜欢的爱犬帕特要大祸临头的遭遇。有一次，总理的手表突然掉在地上，时针和分针在 4 点 20 分停住了。这位总理说："我不是个通灵的人，不过我当时就知道，仿佛有个声音在告诉我说，帕特在 24 小时内就要死了。"第二天晚上，帕特爬到它主人的床上，躺在那里静静地死去了，时间恰好是 4 点 20 分。

动物的超常感，引起了世界各国的科学家的重视，并作了大量的研究。科学家们发现，某些动物确实具有一些非常奇特的感觉本能，并能以独特的方式利用人类具有的五种感觉本能，而还有一些动物的某些感官功能是我们人类完全没有的。而还有一些动物的超常感则是我们现在还没能完全了解到的。1965 年，荷兰的动物行为学家延伯尔根在他著的书中写道："许多动物的非凡本能以特殊生理作用为基础，至今，我们还没有了解这些作用，因而，才把这些本能叫做'超感知觉'"。

动物世界有着许许多多我们未知的领域，在这些领域里，充满神奇和奥秘。即使今天的动物学研究已经有了很大的发展，但动物的超常感本能的奥秘仍然是我们所不了解的。

动物为何能雌雄互变

男变女、女变男，平常对人类来说是不可能的，即使是在高科技的今天，在医学手术的帮助下，变性也是一件不容易的事。但在生物界中，却是一种司空见惯的现象。

人类对这种性逆转现象的研究首先是从低等生物——细菌开始的。在人的大肠里寄生着一种杆状细菌，被称为大肠杆菌。在电子显微镜下可以发现，大肠杆菌有雌雄之分，雌的呈圆形，雄的则两头尖尖。令人惊奇的是，每当雌雄互相接触时，都会发生奇异的性逆转，即雄的变为雌的，雌的则变为雄的。后来经科学家研究，发现雌雄互变的媒介在于一种叫"性决定素"的东西，当雌雄接触时，就将彼此的"性决定素"互赠给对方，从而改变了彼此的性别。

后来科学家们又发现，在比细菌高等的生物体上也存在性逆转现象，诸如沙蚕、牡蛎、红鲷、黄鳝、鳟鱼等等。有人认为这些生物的原始生殖组织同时具有两种性别发展的因素，当受到一定条件刺激时，就能向相应的性别变化。

沙蚕是一种生长在沿海泥沙中，长得像蜈蚣一样的动物。当把两条雌沙蚕放在一起时，其中的一条就会变为雄性，而另一只却保持不变，但是，如果将它们分别放在二个玻璃瓶中，让它们彼此看不见摸不着，则它们都不变。

还有一种一夫多妻的红鲷鱼，也具有变性特征。当一个群体中的首领——唯一的那条雄鱼死掉或被人捉走后，用不了多久，在剩下的雌鱼中，身体强壮者，体色会变得艳丽起来，鳍变得又长又大，卵巢萎缩，精囊膨大，最终成为一条雄鱼而取代原来丈夫的职位，若把这一条也捉走，剩余的雌鱼又会有一条变成雄鱼。但是如果把一群雌红鲷鱼与雄红鲷鱼分别养在两个玻璃缸中，只要它们互相能看到，雌鱼群中就不能变出雄鱼来，但如果将两个缸用木板隔开，使它们互相看不见，雌鱼群中很快就变出一条雄鱼。这究竟是为什么，还是一个未解之谜。

再有，海边岩礁上常见的软体动物——牡蛎，也是一种雌雄性别不定的动物，有一种牡蛎，产卵后变为雄性，当雄性性状衰退后又变为雌性，一年之中可有二次性转变。然而牡蛎过的是群聚生活，不管雄性个体与雌性个体，为什么还会有"朝雌暮雄"的性变态呢？

我们常见的黄鳝在"青春年好"时节，十有八九为雌，产卵之后转为雄性，因为大黄鳝中十有八九为雄。这又是为何，人们也不清楚。

有人对鱼类的"变性之谜"进行了研究，认为鱼类改变性别的目的，主要是为了能够最大限度地繁殖后代和使个体获得异性刺激。美国犹他大学海洋生物学家迈克尔认为，在一种雌鱼群或一种雄鱼群中，其中个头较大者，几乎垄断了与所有异性交配的机会。这样，当雌鱼较小时能保证有交配的机会，待到长大变成雄性时，又有更多的繁育机会，与性别不变的同类相比，它们的交配繁育机会就相对增加了。同样，在从雄性变为雌性的鱼类中，雌鱼的个体常大于雄体。雄鱼虽小，但成年的小雄鱼所带有的几百万精子，足够使再大的雌鱼所带的卵全部受精。另外这些雌鱼与成熟的无论个体大小的雄鱼都能交配。因此，它们小一点的时候是雄鱼，长大以后变雌鱼，不仅得到交配的双重机会，而且与那些从不变性的鱼类相比，又多产生 1 倍的受精卵，这对繁殖后代大有益处。

在动物界里频频发生的性变现象，至今仍没有一个令人满意的、科学的解释，还需要人类进一步的研究、探索。

动物为什么能充当信使

鸽子当信使是早为人知的事，但狗、鸭等其他动物也能当信使就鲜为人知了。

1815 年，法国的拿破仑在滑铁卢战役中被击败。得胜的英军把写有这个消息的纸条缚在一只信鸽的脚上，结果这只信鸽飞越原野，穿过海峡，回到伦敦，第一个把胜利的消息送到了伦敦。

1979 年，我国的对越自卫反击战中，某部一个侦察员得了急病，医生诊断需用一种药品，可身边没有，如果派人去后方取药，已经来不及了，他们便用军鸽去后方取药，仅用 30 分钟就取回来了，使病员得到及时抢救。

只要对狗加强训练，狗也可成为称职的信使。在法国巴黎，有些人在缴付报费后，每天准时派训练过的狗到附近的报亭中去取报。

美国著名的动物学家佛曼训练了一批野鸭，让它们把气象表和各种科学情报送到很远的地方去。这些野鸭还能将捆在爪子上的照片和稿件，送到报社。

上世纪末法国科学家捷伊纳克还利用蜜蜂和 5 千米以外的朋友保持通讯联系。他们互相交换了一些蜜蜂后，便将它们禁闭起来；需要传递信件时，就把写满字的小纸片粘在蜜蜂的背面，然后放飞。蜜蜂信使便向自己的"家"飞去。当它进入蜂房时，信件就被卡在蜂巢的入口处。

此外，水中的海豚、鳊鱼也是忠实的信使，它们可以在水面或水下传递报刊、书信。

有些动物之所以能从事传递信息工作，是因人们利用其归巢的生活习性；而有些动物则要通过训练，让它们具备有条件反射能力，才能胜任信使工作。

那么，有些动物，比如鸽子，长途飞行为什么不会迷路呢？

有些科学家认为，鸽子两眼之间的突起，在长途飞行中，能测量地球磁场的变化。有人把受过训练的 20 只鸽子，其中 10 只的翅膀装了小磁铁，另外 10 只装上铜片，放飞的结果是：装铜片的鸽子在 2 天内有 8 只回家，可是带磁铁的鸽子 4 天后只有 1 只回家，且显得精疲力竭。这说明小磁铁产生的磁场，影响了鸽子对地球磁场的判断，从而断定鸽子对飞行方向的判定的确与磁场有关，也有些科学家认为，鸽子能感受纬度，因此不会迷路。更多科学家认为，鸽子能感受磁场和纬度，它们用这些感受来辨别方向。

科学家们不但对鸽子飞行为什么不迷路各持己见，而对其他动物长途跋涉不迷路也是众说纷纭，谁是谁非，有待科学家们进一步研究。

动物为何有互助精神

我们经常可以看到，各种动物为了自己的生存，与不同类甚至同类动物展开你死我活的斗争，然而，在少数动物间也有互助互爱，乃至舍己救人的行为。

在一个动物园里，美国斯坦福大学的生物学家们发现一只名叫贝尔的雄性黑猩猩常常从地上拣起一根根小树枝并认真地摘掉枝上的叶子，站在或跪在雄性黑猩猩身边，一只手扶着雄性黑猩猩的头，另一只手拿着光秃秃的小树枝，伸到雄性黑猩猩的嘴里剔去它牙缝中的积垢。原来它是用小树枝作"牙签"给雄性黑猩猩剔牙的！有时，贝尔找不到一个合适的"牙签"，就直接用手指给雄性黑猩猩剔牙，科学家们观察了 6 个月，发现几乎每一天，贝尔都会给别的猩猩剔 1 次牙，每次 3～15 分钟。

生活在草原上的白尾鹫，互敬互爱的行为更是让人敬佩。这种专门以野马等动物尸体为食的鸟类，在发现食物之后，会发出尖锐的叫声，把自己的同伙招来共享。吃的时候总是先照顾长者，让年老体弱的鹫先吃饱以后，其他鹫才开始吃。"家"里还有幼鹫的母鹫，回"家"之后还会把吃下去的肉吐出来喂幼鹫。

斑马是成群活动的。它们在巡游觅食时，总有一匹斑马担任警戒，以便有危险时发出警报，通知同伙立即逃命。有时猴、狮、虎等猛兽追得很紧，情况十分危急，斑马群中就会有一匹勇敢的斑马，毅然离群，义无反顾地单身与狮子搏斗，以掩护同伙撤退。当然，这匹斑马最终成了猛兽的腹中之物。

不仅同类动物之间互帮互助，而在不同类动物间也有这种行为。

在西南非洲，有一只小羚羊和一头野牛结伴而行，羚羊在前走，野牛在后面跟着；每走几步，野牛便哀叫一声，小羚羊也回过头来叫一声，似乎在应答野牛的呼唤。假如小羚羊走得太快了，野牛就高喊一声，小羚羊马上原地立定，等那野牛跟上后再走。这是怎么回事呢？原来野牛眼睛害了病，红肿得厉害，已无法单独行动，小羚羊在为它带路。

河马见义勇为的精神，曾经使一位动物学家感叹不已。事情是这样的：在一个炎热的下午，一群羚羊到河边饮水，突然一只羚羊被凶残的鳄鱼捉住了，羚羊拼命抗拒可也无法逃命。这时，只见一只正在水里闭目养神的河马，向鳄鱼猛扑过去。鳄鱼见对方来势凶猛，只好放开即将到口的猎物逃之夭夭。河马接着用鼻子把受伤的羚羊向岸边推去，并用舌头舔羚羊的伤口。

有关动物互帮互助的例子不胜枚举，科学家们已经肯定动物之间有互助精神。

那么动物为什么会有互助精神呢？

有的科学家认为，动物的这种行为是自然选择的结果，因为在求生存的斗争中，一种动物间如果没有互助精神就很难生存与发展；有的科学家认为，近亲多半有着同样的基因，同一种群动物的基因较为接近，因此会有互助精神

对于动物为什么会有互助精神这一问题，科学家们各执己见，公说公有理，婆说婆有理，没有一个完美的答案。

动物身上的年轮

锯倒一棵大树，观察树桩断面上的年轮，就可以知道这棵大树的年龄。测知古树的年龄，可以用一种空心钻从树干圆周上的一点向圆心钻去，取出像铅笔粗细的年轮标本，这样就可以不用锯倒树木而测知树木的年龄。过一段时间，树干上的树脂会自然医好钻孔留下的创伤。

动物身上也有"年轮"吗？不同动物的"年轮"隐藏在不同的部位，五花八门。鲤、鲫鳞片上的同心圆就是显示鱼龄的"年轮"。为了看得很清楚，一般将鳞片洗净，煮一下，再把它浸入二份苯和一份乙醚中，去掉脂肪，使它干燥后观察，河蚌的贝壳上有明显的一圈圈生长线，那就是它的"年轮"。大黄鱼、小黄鱼的耳石上也可以找到"年轮"。怎样了解庞大的鲸的年龄多年来一直是个难题，过去曾用许多方法来测定：一是有人认为鲸出生时是雌鲸体长的1/3，根据幼鲸体长的增长，可以推算年龄；二是观察鲸体上白色伤痕数目，测算年龄，因为年龄越老的鲸，受细菌、寄生虫寄生后留下的伤痕越多。以上方法都有缺点，测算的年龄不够准确。1995年发现鲸的耳垢是推算年龄的最好资料。

鲸的耳垢与人的耳垢大不相同，耳垢不能从外耳道掉出来。鲸的外耳道不是一直管，而是呈S型，耳垢积存在耳道中，由表皮角质层脱落的细胞和脂质所构成，脂质少、角化程度高、呈长圆锥形，像一个栓，所以又是耳栓。把耳栓切成纵剖面，上有交替的明亮层和暗色层，数清多少明暗交替的条纹，就可以推算出鲸的年龄。耳栓上的明暗条纹就和树木的"年轮"相似，明亮层是夏季索饵期形成的，那时候营养条件好，形成的脂质多；暗色层是冬季繁殖时期形成的，那时鲸几乎过着绝食生活，耳轮上的角质多。真奇妙，鲸的"年轮"竟会在耳垢形成的耳栓上。

在购买骡、马等家畜的时候，知道它们的年龄是相当重要的。因为家畜的年龄大小直接影响它的价格。所以在农贸集市上，在买卖牲畜时，买主要掀起牲畜的嘴唇，仔细观看它们的牙齿，以确认牲畜的真实年龄，进而考虑价格高低是否适当。另外，像鹿等野生动物，知道它们的年龄也具有重要的意义。这样可以使其群体经常保持年轻健壮，以保证它们能良好地繁衍后代。如果是年老的雌雄交配，生育出来的后代就较差。因此，一些动物园和动物保护区，年老的动物都不用来繁殖后代，而是淘汰掉。

简单说，可以根据动物的各种特征来鉴别它们的年龄。例如：公鹿在2岁时长出瘤状的小角，3岁时长成大角，4岁分两个叉，5岁分3个叉，6岁分4个叉，到7岁以上就不再分叉了。例外的情况自然会有，不过大概的年龄还是能知道。

其他野生动物，没有鹿那样的年龄特征，则只能根据体格、毛色的浓淡和行动来判断它们的年龄。最近已有利用显微镜检查兔子、黄鼠狼等动物的骨头来确定其年龄的方法。这种方法是切取野兔等动物的下颌骨，将其磨制成薄片，染色后在显微镜下观察，能看到骨头的层次，根据骨层的多少便可准确地推断动物的年龄。因为小动物的年龄都较短，所以使用这种方法是相当有效的。象和鲸那样的大动物，则只要取其牙齿在显微镜下鉴定就可知道它的年龄了。

马的年龄也可根据它的牙齿准确地判断出来，这在兽医学上叫做"年齿鉴定法"。因为马在用上下牙齿嚼草时，上面的牙齿会逐渐磨损，所以根据其磨损程度就能判断其年龄的大小。过去的马贩子，以及今日的牲畜交易都用这种方法确定买卖价格。

动物自疗之谜

　　自然界里的野生动物得了病，受了伤，谁能给它们治疗呢？朋友们不要担心，她们有自己给自己治病的本领。有些动物会用野生植物来给自己治病。

　　春天来了，当美洲大黑熊刚从冬眠中醒来的时候，身体总是不舒服，精神也不好。它就去找点儿有缓泻作用的果实吃。这样一来，便把长期堵在直肠里的硬粪块排泄出去。从此以后，黑熊的精神振奋了，体质也恢复了常态，开始了冬眠以后的新生活。

　　在北美洲南部，有一种野生的吐绶鸡，也叫火鸡。它长着一副稀奇古怪的脸，人们又管它叫"七面鸟"。别看它们的样子怪，可会给自己的孩子治病。当大雨淋湿了小吐绶鸡的时候，它们的父母会逼着它们吞下一种苦味草药——安息香树叶，来预防感冒。中医告诉我们，安息香树叶是解热镇痛的，小吐绶鸡吃了它，当然就没事儿啦！

　　热带森林中的猴子，如果出现了怕冷、战栗的症状，就是得了疟疾，它就会去啃金鸡纳树的树皮。因为这种树皮中所含的奎宁，是治疗疟疾的良药。

　　贪吃的野猫到处流浪，它如果吃了有毒的东西，又吐又泻，就会急急忙忙去寻找黍芦草。这种味苦有毒的草含有生物碱，吃了以后引起呕吐，野猫的病也就慢慢儿地好了。你看，野猫还知道"以毒攻毒"的治疗方法呢。

　　在美洲，有人捉到了一只长臂猿，发现它的腰上有一个大疙瘩，还以为它长了什么肿瘤呢。仔细一看，才发现长臂猿受了伤，那个大疙瘩，是它自己敷的一堆嚼过的香树叶子。这是印第安人治伤的草药，长臂猿也知道它的疗效。

　　有一个探险家在森林里发现，一只野象受伤了，它就在岩石上来回磨蹭，直到伤口盖上一层厚厚的灰土和细砂，像是涂了一层药。有些得病的大象找不到治病的野生植物，就吞下几千克的泥灰石。原来这种泥灰石中含氧化镁、钠、硅酸盐等矿物质，有治病的作用。

在乌兹别克，猎人们常常遇到一种怪事儿：受了伤的野兽总是朝一个山洞跑。有一个猎人决定弄个水落石出。有一天，一只受伤的黄羊朝山洞方向跑去，猎人就跟踪到隐蔽的地方观察，只见那只黄羊跑到峭壁跟前，把受伤的身子紧紧贴在上面。没过多久，这只流血过多、十分虚弱的黄羊，很快恢复了体力，离开峭壁，奔向陡峭的山崖。猎人在峭壁上发现了一种黏稠的液体，像是黑色的野蜂蜜，当地人管它叫"山泪"，野兽就是用它来治疗自己的伤口的。科学家们对"山泪"进行了研究，发现里面含有 30 种微量元素。这是一种含多种微量元素的山岩，受到阳光强烈照射而产生出来的物质，可以使伤口愈合，使折断的骨头复原。用它来治疗骨折，比一般的治疗方法快得多。在我国的新疆、西藏等地区，也发现了多处"山泪"的蕴藏地。

温敷是医学上的一种消炎方法，猩猩也知道用它来治病。猩猩得了牙髓炎以后，就把湿泥涂到脸上或嘴里，等消了炎，再把病牙拔掉，你看猩猩还是个牙医呢。

温泉浴是一种物理疗法。有趣的是，熊和獾也会用这种方法治病。美洲熊有个习惯，一到老年，就喜欢跑到含有硫黄的温泉里洗澡，往里面一泡，好像是在治疗它的老年性关节炎；獾妈妈也常把小獾带到温泉中沐浴，一直到把小獾身上的疮治好为止。

野牛如果长了皮肤癣，就长途跋涉来到一个湖边，在泥浆里泡上一阵，然后爬上岸，把泥浆晾干，洗过几次泥浆浴以后，它的癣就治好了。

更让人惊奇的是，动物自己还会做截肢手术呢。

1961 年，日本一家动物园里的一头小雄豹左"胳膊"被一头大豹咬伤，骨头也折了。兽医给它做了骨折部位的复位，上了石膏绷带。没想到，手术后的第二天，小豹就把石膏绷带咬碎，把受伤的"胳膊"从关节的地方咬断了。鲜血马上流了出来，小豹接着又用舌头舔伤口，不一会儿，血就凝固了。

截肢以后，伤口渐渐地长好了，小豹给自己做了一次成功的"外科截肢手术"。小豹好像知道，骨折以后伤口会化脓，后果是很危险的。经过自我治疗，就会保住自己的生命。

人们发现，一只山鹬的腿被猎人开枪打断后，它会忍着剧痛走到小河边，用它的尖嘴啄些河泥抹在那只断腿上，再找些柔软的草混在河泥里，敷在断腿上。像外科医生实施"石膏固定法"一样，把断腿固定好以后，山鹬又安然地飞走了。它相信，自己的腿会长好的。

昆虫学家曾经仔细观察了一场蚂蚁激战：一只蚂蚁向对方猛烈袭击，另一只蚂蚁只是实行自卫防御，结果它的一条腿被折断了。原来这不是一场真正的格斗，而是蚂蚁在给受伤的同伴做截肢手术呢。

除此以外，不少动物还能给自己做"复位治疗"呢。

黑熊的肚子被对手抓破了，内脏漏了出来，它能把内脏塞进去，然后再躲到一个安静的角落里，"疗养"几天，等待伤口愈合。

如果青蛙被石块击伤了，内脏从口腔里露了出来，它就始终待在原地不动，慢慢吞进内脏，3天以后就身体复原，能跳到池塘里捉虫子啦。

动物自我医疗的本领，引起了科学家很大的兴趣。

它们是怎么知道这些疗法的呢？现在还没有一个圆满的解释。

动物"气功师"之谜

我们人类有些"气功大师"，有着非凡的功夫。他们要是发起功来，好像刀枪不入；就是几吨重的汽车从身上压过去，也毫无损伤。这让参观的人惊奇不已。

更让人难以相信的是，动物世界里的动物，也有会"气功"的，而且是无师自通，根本不用拜师学艺。这些动物"气功大师"，生来就有这种"特异功能"。

在非洲的赞比亚，有一种会"硬气功"的老鼠，当地的土著居民管它叫拱桥鼠。这种鼠大的500多克重，如果有人用脚踩它，它就用锁骨抵在地上，拱起脊背，全身"运气"，施展出它奇特的"硬气功"。一个60千克重的人踩在它身上，等于是它体重的100多倍，但拱桥鼠却一声不吭，像没事儿一样。就是使劲儿用脚踩它，它也绝不叫唤一声（这可能是它正在"运"功的缘故），等到人把脚抬起来，压力消除的时候，拱桥鼠就立刻溜之夭夭了。猫虽然是老鼠的天敌，但如果遇到这些会气功的老鼠，也是无可奈何，甘拜下风的。

在西班牙的马德里地区，更是"藏龙卧虎"。这里生活着一种绿色的"气功蛇"，它的"气功功夫"可以说到了炉火纯青的程度。这种蛇类"气功大师"艺高蛇胆大，在天气炎热的时候，喜欢从草丛里爬到光滑的马路上，大模大样地乘凉。当载重汽车开

过来的时候，它虽然预先感觉到地在颤动，但它绝不会爬走逃命，而是鼓起肚子里的贮气囊，并且快速把气体输送到全身，等汽车轮子从它身上轧过去之后，这位"气功大师"才得意洋洋地爬走。它摇头摆尾的样子，好像是在显示自己的非凡功夫呢。

除了陆地上的动物以外，有些海洋动物也是了不起的"气功大师"。在浩瀚的大西洋里，有一种叫海刺猬的海洋动物。它浑身长满了长刺，平时这些针刺都顺贴在身上，可一旦遇到危急情况，它全身的刺就会根根倒竖，特别锋利。在当地海域，还生活着一种斜齿鲨，十分凶猛，常常把海刺猬当做美食吞下去，有时候能一次吞下 10 只海刺猬。但灾难也跟着来临，海刺猬被吞进鲨鱼肚子以后，就会运"气"发"功"，把身上的长刺倒竖起来，就像一根根锋利的钢针，在鲨鱼胃里猛攻猛刺，直到把鲨鱼的肚子刺破，死去的斜齿鲨，反倒成了海刺猬的美味佳肴了。

看起来，气功并不是我们人类的专利，在动物世界里也有不少天生的"气功大师"呢。它们的奥秘在哪里呢？生物学家们正在研究探讨这个不解之谜。

动物 "电子战" 之谜

蝙蝠是一种能飞的野兽。它的前肢和后腿之间，长着薄薄的、没有毛的翼膜，好像鸟儿的翅膀。所以，它能像鸟儿那样在空中飞行，成为哺乳动物中的飞将军。

一到傍晚，蝙蝠就在空中盘旋，一边飞，一边捕捉蚊子、蛾子什么的。它是我们人类的好朋友。

蝙蝠能在夜间捕食，难道它有一双明察秋毫的夜视眼吗？

早在270多年前，意大利科学家潘兰察尼就进行过这样的实验：

他把一只蝙蝠的眼睛弄瞎后，放到一间拉了许多铁丝的玻璃房子里。令人惊奇的是，这只失明的蝙蝠仍然能够绕过铁丝，准确地捉到昆虫。

"看起来，蝙蝠并不是靠眼睛捕食的。也许是它的嗅觉在起作用。"潘兰察尼这样考虑着。

接着，他又破坏了蝙蝠的嗅觉器官。但这只蝙蝠照样准确地捕捉食物，像什么事情也没发生一样。他又在蝙蝠身上涂了厚厚的一层油漆，蝙蝠还是照飞不误，一边飞，一边捉虫子。

难道是蝙蝠的听觉在起作用吗？

潘兰察尼又把一只蝙蝠的耳朵塞住，再把它放进玻璃房子的时候，"飞将军"终于没有办法了，只见它东飞西窜，不是碰壁，就是撞到铁丝上，就再也捉不到小虫了。

看起来，是声音帮助蝙蝠辨方向和寻找食物的。但到底是什么声音，这位意大利科学家一直没有研究出来。

后来的科学家揭开了这个奥秘。原来蝙蝠的喉咙能发出很强的超声波，通过它的嘴巴和鼻孔向外发射。当遇到物体的时候，超声波便被反射回来，蝙蝠的耳朵听到回声，就能判明物体的距离和大小。

科学家把蝙蝠这种根据回声探测物体的方式，叫做"回声定位"。

蝙蝠飞将军的回声定位器就像一部活雷达。它的分辨本领特别高，能把昆虫反射回来的声信号与地表、树木的声信号区分开，准确地辨别出是食物还是障碍物。

更让蝙蝠自豪的是，它这部活雷达的抗干扰能力还特别强。即使干扰噪声比它发出的超声波强两倍，但它仍然能有效地工作，引导蝙蝠在黑夜中准确地捕食害虫。

就像有矛就有盾一样，蝙蝠有"活雷达"，有些夜蛾就利用高超的"反雷达装置"来对付它。于是，双方就展开了一场动物世界的"电子对抗"战。

夜蛾是一种在夜间活动的昆虫，喜欢围绕着亮光飞舞。别看它们是些小飞虫，身上却带有探测超声波的特殊"装置"。动物学家们发现，在有些夜蛾的胸、腹之间有一个鼓膜器——这是一种专门截听蝙蝠超声"雷达波"的器官。

有了这个"反雷达装置"，夜蛾可以发现距离它 6 米高、30 米远的蝙蝠。夜蛾在截听到蝙蝠的探测"雷达波"之后，如果蝙蝠离它还有 30 米远，它就转身逃之夭夭；如果蝙蝠就要飞过来啦，夜蛾身上的鼓膜器就告诉它将大祸临头，夜蛾便当机立断，不断改变飞行方向，在夜空中兜圈子、翻跟斗，或者干脆收起翅膀落在树枝、地面上装死，想尽办法让蝙蝠找不到它的位置。

更令人惊奇的是，有些夜蛾还装备有"电子干扰装置"。在它们的足关节上，有一种特殊的振动器，能发出一连串的"咔嚓"声，用来干扰蝙蝠的超声波，使它不能确定目标。

有些夜蛾的反"雷达"战术更高明，它们全身都是"反雷达"装置。这就是它们满身的绒毛，可以吸收超声波，使蝙蝠得不到一定强度的回声。夜蛾自己也能发出超声波侦察敌情。

在这场特殊的动物"电战"中，尽管蝙蝠飞将军有一整套"电子进攻"手段，但在夜蛾巧妙的"电子防御"措施面前，不得不甘拜下风。

夜蛾小巧精良的"电子对抗"装备，引起了科学家们的注意。他们要研究夜蛾是如何发射超声波以及它的绒毛是怎样吸收超声波的。如果这些自然之谜被彻底揭开，应用到军事技术上，就会发挥出意想不到的防卫和攻击能力，来夺取未来战争的胜利。

动物语言之谜

人类有语言，这是人类与动物的重大区别之一。

随着人类社会的形成与发展，由于集体劳动和生活的需要，彼此之间要交流思想，于是，语言就诞生了。语言的使用，促进了人类的思维，使得大脑更加发达。语言的使用，也促进了劳动经验的交流和积累，从而加速了生产力的发展。

动物有语言吗？有的小朋友也许会说："有，我们看的动画片中，唐老鸭、米老鼠不是都会说话吗？"的确，在童话中，在动画片中，动物都会说话，不过别忘了，这是人们用拟人的手法在讲动物的故事。

在动物界中，的确有"语言"存在，这是一个非常引人入胜的学问。有些科学家，毕生都在和动物交流，记录、分析动物的"语言"，从中了解这些"语言"的含义，了解动物是怎样交流感情和信息的，他们工作已经获得了很大的成绩。

表达意思和交流感情的工具

和人类的语言相比较，动物的"语言"要简单得多。在同种动物之中，它们使用"语言"来寻求配偶，报告敌情，也可以用来表达友好、愤怒等感情。春天，是猫的发情期，一到晚上，猫就会出去寻找配偶，人们常可以听见猫拖长了声调的叫声，这是在吸引异性。动物的"语言"，也用来沟通动物和主人的关系。夜晚，在农舍前，传来一阵陌生人的脚步声，看门狗伸长了耳朵，随着声音的接近，它狂吠起来，这是告诉主人：有陌生人靠近我们的

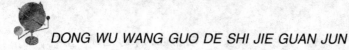

家，要警惕。

虽然鹅的叫声都是单调的"嘎、嘎、嘎"声，有位叫劳伦茨的教授却成功地翻译出了鹅的"语言"。如果鹅发出连续6次以上的叫声，意思是说："这里快活，有许多好吃的东西。"如果刚好是6个音节，则表示：这儿吃的东西不多，边吃边走。如果只发出3个音节，那就是说："赶快走，警惕周围，起飞！"在鹅发现狗的时候，会从鼻腔中发出一声"啦"的声音，鹅群们一听到这个声音就惊恐地拍动双翅，慌忙逃走。

狒狒是一种低等灵长目动物，在中央电视台的"动物世界"节目中，曾经介绍过它们的群居生活。根据科学家的分析，狒狒的语言已经很复杂，它的声音由两个部分组成，它们的语言包括20多种信号。当发现敌情时，狒狒王便发出一种特殊的叫声，警告其他狒狒逃走或准备战斗。在动作上，狒狒可以有十几种，它的眼、耳、口、头、眉毛、尾巴都可以动作，表示出友好、愤怒等感情，如此丰富的声音和动作，就组成了狒狒复杂的"语言"系统。

鸟类的"语言"也是我们非常熟悉的，人们常用"莺歌燕舞"、"鸟语花香"来形容我们美好的祖国。研究鸟的"语言"的科学家发现，鸟的"语言"可以分为"鸣叫"和"歌唱"两种。"鸣叫"指的是鸟类随时发出的短促的简单的叫声，它们常常是有确定含义的。例如，鸡（鸡也属于禽类，是飞鸟的"亲戚"）的"语言"是我们常听见的。在温暖的阳光下，鸡妈妈带着一群小鸡在觅食，它用"咯、咯……"的叫声引导着小鸡，而小鸡的"卿、卿……"的叫声也使鸡妈妈前后能照应它的孩子们。这时，天空中出现了一只老鹰，鸡妈妈立刻警觉起来，向小鸡们发出警报，展开双翅，让小鸡们躲藏在它的翅膀下。

至于"歌唱"，主要是指在繁殖季节由雄鸟发出的较长、较复杂的鸣叫，关于这些"歌唱"的意思，科学家有不同的分析，归结起来有两种观点。一种认为是雄鸟在诱惑雌鸟，另一种认为"歌唱"是宣布"领域权"，表示这块地方已经属于它所有，别人不得侵犯。

科学家发现，海豚也有自己特殊的"语言"。在海洋生物中，海豚的"语言"是最复杂的，它可以使用多种声音和信号，用来定位、觅食、求偶和联络。

动物语言中的方言

在人类的语言中，有着方言，一个北方人来到南方，或者一个南方人去到北方，一时听不懂那里的方言。在动物中，同样也存在着类似的情况。

每一种飞鸟几乎都有自己独特的语言，而且互不相通。有这么一个故事，在某个动物园中，一只野鸭闯入了红鸭的窝中，把老红鸭赶走，自己帮助红鸭孵出了一窝小鸭，可是这些小红鸭根本听不懂野鸭的"语言"，不听从它的指挥。小鸭们乱成一团，野鸭也毫无办法。后来来了只大红鸭，它只讲了几句"土话"，小红鸭就乖乖地听它的话了。

不仅不同种动物之间语言不通，而且同种动物之间也有方言。美国宾夕法尼亚大学的佛林格斯教授研究了乌鸦的语言，而且将它们的语言用录音机录制下来。当成群的乌鸦从天上飞过时，佛林格斯教授在地上播放他先前录制的乌鸦的"集合令"，这时乌鸦群就乖乖地降落在地上。当他将乌鸦的"集合令"录音带带到另一个国家去播放时，就不灵了。他发现，居住的国家和地区的不同，乌鸦的语言也不一样，法国的乌鸦对美国乌鸦的"讲话录音"就一窍不通，甚至于对它们的报湖号也毫无反应。

科学家们又发现，海豚的"语言"是世界通用的。单个海豚总是默不作声，若有两个海豚碰到了一起，"话匣子"就打开了，它们一问一答，可以聊上很长的时间。为了研究海豚的语言，美国科学家曾做了一个"海豚打电话"的实验，把两只海豚分别关在两个互不联通的水池里，通过话筒和扬声器让它们互相"交谈"，然后录下它们谈话的内容，进行分析。当科学家将来自太平洋和大西洋的两只海豚分别置于两个水池之中时，这两只家乡相距8000千米的海豚，竟然通过"电话"交谈了半天。

动物的舞蹈语言和哑语

语言并不全是有声音的。聋哑人之间的交谈，全部靠哑语，也就是靠规范化了的手势和表情。在动物界中，也有"哑语"。

蜜蜂之间的"交谈"，是通过舞蹈来表达的。如果说它们全是用"哑语"，这也不确切，因为蜜蜂除了舞蹈的姿势以外，还要用翅膀的振动声来表达。振翅声的长短，表示蜂巢到蜜源距离的远近，振翅声的强弱则表示花蜜质量的好坏，这样，蜜蜂就能通过"舞蹈语言"和"振翅语言"把蜜源的方向、距离、蜜量多少等信息通报给伙伴。

人们很想通过"语言"来与动物通话，其中最普遍的也许是人与狗之间的交流。人们常说，狗对主人忠诚，确实，狗对主人的声音十分熟悉，只要略加训练，它就能根据主人的口令趴下、跃起、坐下、站立、前进等等。

人们曾设想训练黑猩猩"说话"。黑猩猩的智力在动物界中居上等，而且它们许多地方也和人相似。例如，猩猩没有尾巴，和人一样有 32 颗牙齿，胸部只有一对乳头，母猩猩每月来一次月经，怀孕期也是 9 个月。猩猩和人的血液成分也很相似，也有不同血型，面部也同样可以表现出喜、怒、哀、乐等各种表情。但可惜的是，它们的发音器官极不发达，大多利用手势来表达意思。

在美国，有一对名叫加德纳的夫妇，采用美国聋哑人通用的哑语，去教授一只名叫"娃秀"的雌性猩猩。这只小猩猩出生后 18 个月就在热带森林中被人捕获，从此成为加德纳夫妇的"养女"。他们非常用心地训练娃秀，和它生活在一起，给它创造非常好的学习环境。为了不使声音干扰娃秀的学习，在小猩猩在场时，他们自己就用手势交谈。经过两年的训练，娃秀可以理解和领会 60 种手势，其中有 34 种可以在日常生活中灵活运用，如"吃"、"去"、"再多些"、"上"、"请"、"内"、"外"、"急"、"气味"、"听"、"狗"、"猫"等等，它还能将一些手势连贯起来。

人们期望，将来能训练猩猩来进行一些简单的劳动。

利用动物"语言"为人类服务

科学家利用鸟的"语言"来驱赶鸟类。在飞机场的附近，大量鸟的存在是很危险的，万一它们和正在起飞或降落的飞机相撞，会造成不堪设想的后果。机场人员设法录下了鸟群的报警信号，并且在扩音器中不断播放，使得鸟群惊恐万分，远走高飞。

科学家也正在利用鱼的"语言"来捕鱼。凭借高水平的声纳仪来探测鱼群的位置，指导渔船下网，还可以人工模拟能吸引鱼的声音，如小鱼在活动时的声音，用来引诱鱼群靠近。

人类在寻找宇宙中的生命时，也考虑过和天外生命"对话"的问题。科学家录制了世界名曲，在太空中播放，希望能够引来知音。人类也希望能与"太空人"对话，但用什么语言去和他们交谈呢？有科学家建议使用"海豚语"，理由是海豚的智力相当发达，它也希望能和人类进行交流。如果科学家的假设能实现，那将是一次很有意义的尝试。

动物嗅觉之谜

人类生活在世界上，靠我们的感官去认识世界：用眼睛看，用耳朵听，用鼻子嗅，用舌头尝，用身体感觉（如用手去触摸），在这眼、耳、鼻、舌、身中，最灵敏的是嗅觉。饭烧煳了，隔几个房间就能闻到焦味，在远离公路几百米的地方，就能嗅到汽油味。

对于动物来说，嗅觉的重要性甚于人类。因为有的动物视力不好，有的动物耳朵不灵，靠了嗅觉，它们才能识别同伴，寻找配偶，逃避敌人，发现食物。

嗅觉生理是生理学研究中一个比较困难的问题，还有许多难点在等待科学家去探索，但是科学家已经积累了许多关于嗅觉的资料，光是这些信息，就足以使我们赞叹动物世界的无穷奥秘。

灵敏惊人的动物嗅觉

在感觉和判断微量有机物质方面，任何先进的检测仪器都不能超越人的鼻子。自然界中的气味有几十万种之多，一般人可以嗅出其中几千种气味，而经过训练的专家则能嗅出几万种气味。虽然人和人之间的嗅觉会有差异，个别人由于病变而嗅觉迟钝，但大多数人都有很灵敏的嗅觉，甚至于在仪器尚不能测出之前，人就能嗅出花香和粪臭。近年来煤气的使用已越来越普及，如何防止煤气中毒也就成了一个大问题。由于管道煤气中的主要成分是一氧化碳，当人吸入之后，它会和血液中的血红素结合，造成窒息中毒，因为一氧化碳是无色无味的气体，人们很难发现它的存在，科学家们在煤气中混入了一种称为硫基乙醇的物质，它有一股怪味道，当煤气微量泄漏时，人就可以嗅到它的味道，随之警觉起来，采取措施，堵塞漏洞。

和人鼻相比，狗鼻子更加灵敏。

在电影和电视剧中，我们常看见警犬破案的故事，警犬破案用的就是它灵敏的鼻子。我们知道，人身上有着丰富的汗腺、皮脂腺，每个人分泌出的汗液和皮脂液味道是不同的，我们称之为人体气味。人鼻子较难分辨不同人的人体气味，而狗却可以。将犯罪分子穿过的衣服、鞋子或用过的用品给警犬嗅过后，它就能顺着气味去追踪逃犯，或者将混在人群中的坏人嗅出来。

海关人员利用狗的特殊嗅觉功能，训练它们搜寻毒品。目前，贩毒、吸毒已成了世界性的犯罪行为，罪犯携带毒品的手段也越来越狡猾。经过训练的狗能够搜寻出藏于行李中或汽车中各个角落或夹层中的毒品，它们屡建奇功，使得贩毒分子闻狗丧胆。目前，科学家们又发现猪的嗅觉也很灵敏，有的海关已开始训练猪来做毒品的"检查员"。

在瑞士等多山国家中，高山滑雪是人们喜爱的一种运动，但由于雪崩等自然灾害造成的事故，常常有滑雪者被埋于雪中。当地人训练了一批救护犬，每当发生雪崩或滑雪者失踪的事件时，就派这种救护犬上山寻找。它们身背标有红十字的口袋（其中装有应急的药品、食物等）和救援队员一起跋涉于高山积雪之中。由于它们的努力，不少遇险者获得了第二次生命。

在欧洲的一些城市，煤气公司训练了一批狗作为"煤气查漏员"。由于管道煤气的使用日趋广泛，要查找埋藏于地下的煤气管道的泄漏是一个难题。如果不能找到泄漏处，漏出的煤气在地下某一地方会积累起来，它们一遇上明火就会发生爆炸或燃烧。在查漏方面，狗是人类得力的助手，一发现问题，它就会狂吠不止，以引起人们的重视。

狗还是很好的地雷搜寻者。现代化的战争中，布雷成了保护自己、消灭敌人的重要手段。过去多用金属探测器来查找地雷，因为大多数地雷是用金属作为外壳的。后来，兵工专家改进了外壳材料，采用塑料或其他非金属性材料来做外壳，一般的金属探测器就找不出它们了。经过训练的狗能够嗅出火药的气味，所以不管用什么材料做外壳，它们都能把地雷查找出来，在战争中，它们的工作挽救了成千上万战士的生命。

还有的地质部门，训练狗帮助人们查找矿藏。

除了狗以外，金丝雀、小白鼠等动物，也有很好的嗅觉。

在煤矿中，有毒或易燃气体的存在，常引起井下爆炸，或发生煤矿工人中毒的事故。人们发现，金丝雀对于这类气体很敏感，矿井中存在的微量有毒气体在对矿工尚未造成威胁时，金丝雀就会出现窒息中毒的症状，所以，一些矿工在下井时带着金丝雀，将它们作为"生物报警器"。同样的办法也在某些生产有毒气体的工厂中使用。

小白鼠的嗅觉也很灵敏，在英国的旧式潜艇上，曾用过小白鼠作为汽油泄漏的"报警员"，一旦有汽油泄漏，小白鼠就会吱吱地叫起来。

鱼类洄游的秘密

人和高等哺乳动物是依靠鼻子来辨别气味的，而鱼却不一样，鱼类的嗅觉器官和味觉器官都长在嘴巴周围和唇边上。有些鱼的同类器官分布在鳍上或在鱼皮上，在这些地方有一种纺锤状的细胞。这些细胞是一种感受器，能从周围的水中接受各种信息。

鱼利用嗅觉去觅食，有些老龄的鱼已完全丧失了视力，但依靠嗅觉，仍然能找到食物。但灵敏的嗅觉，有时也会给鱼带来灭顶之灾。有一种称为长嘴青鸬鹚的鸟，就是利用鱼的嗅觉来引鱼上钩的。它会向水中分泌一种气味强烈的脂肪类物质，一些鱼循水中气味游来，然而等待它们的不是"美味"，而是青鸬鹚的利嘴。

还有一种生活在水中的动物蝾螈靠嗅觉来寻找配偶。科学家做了一个实验，在蝾螈的生殖期间，将一块海绵浸入雌蝾螈生活的水中，然后再把这块海绵放入小溪上游，于是许多雄蝾螈逆水而上，聚集到这块海绵的周围。如果将海绵侵入普通的水中，再做同样的实验，雄蝾螈就没有反应。由此可见，雌蝾螈向水中分泌了某种激素，雄蝾螈"嗅"到了这种激素，从而向雌蝾螈靠拢。

一些鱼类的洄游是自然界中有趣的现象。在溪流中，每年有不少鱼产的卵，受精卵孵化成小鱼后，它们就顺流而下，由小溪游进小河，再进入大江，经过几千米的游程，最后进入大海。小鱼在大海中长成了大鱼，当产卵季节又来临时，它们会循着小时候游过的路线，再回到童年时的"家乡"，在那里产卵。是什么因素引导着鱼类游向它们的家乡呢？根据研究，是它们家乡溪流中水的成分和水的气味。它们家乡的土壤、植物和动物特有的气味溶解在河水之中后，成为引导鱼类洄游的"路标"，在这中间，鱼类的嗅觉起了至关重要的作用。

科学家们利用鱼类凭嗅觉觅食、靠嗅觉决定洄游路线的生活习性，制造出人工模拟的"气味"环境，用于捕鱼以及引导鱼群进入较清洁的水域，这对于渔业生产是大有益处的。

至于鱼类如何在海中寻找到它们熟悉的江口，从而循气味游回家乡，这仍然是一个未解之谜。

昆虫靠嗅觉寻找配偶

和人类、鱼类不同，昆虫的嗅觉既不靠鼻子，也不靠皮肤或嘴唇上的感受器，它们靠的是嘴巴周围的触角或触须，这是昆虫的化学感受器官。在触角上，遍布着接受和处理气味信息的嗅觉细胞和神经网络。在麻蝇的触角上，有 3500 个化学感受器，牛蝇的触角上则有 6000 个，而蜜蜂中工蜂的触角上更有 12000 个化学感受器。正因为有了这些先进的"工具"，它们的嗅觉才特别灵敏，普通的家蝇可以识别 3000 种化学物质的气味。

蚂蚁依靠嗅觉来区分"敌我"，同一家族的蚂蚁，有着相同的气味，而外来的入侵者，由于气味不同而很容易被察觉。一只其他家族的蚂蚁，如果不慎走入，它很快就能被识别出来，而且将受极刑处罚。如果将外家族蚂蚁的提取物涂到本家族的一只蚂蚁的身上，由于气味的变化，它也会招致杀身之祸。

昆虫的嗅觉还用于寻找配偶。在昆虫的繁殖期，雌性的昆虫能释放出一种叫做性引诱剂的激素（又称性信息素），雄性的昆虫嗅到了这种气味后，就飞向雌性的昆虫。在交尾之后，雌性昆虫就不再释放这种激素。雄昆虫对这种性引诱剂的嗅觉特别灵敏，科学家曾做过一个有趣的实验，在几只雄蛾身上用油漆做上记号，把它们和关在笼中的雌蛾分开，并带到距离远近不同的地点，然后将它们一一放出，30分钟后，第一只雄蛾飞到了雌蛾笼边，它飞行了5千米。以后，另一只相距11千米的雄蛾也飞到了，据分析，在那种距离的范围内，性引诱剂的含量已稀释到每1立方厘米的空气中只有1个分子，而雄蛾依然能分辨出。

科学家们利用现代的分析手段，搞清楚了一些昆虫性引诱剂的结构，并且在实验室中用化学方法合成了同样的激素。利用这些人造的性引诱剂在农田中捕杀害虫，已成为当今一种新的植物保护手段。

动物认亲之谜

在动物世界中存在着各种各样的关系，这些关系远比人们想象的要复杂得多。科学家研究发现，在同一种动物中，血缘关系对动物行为的影响起着重要的作用。一般来说，同一血缘的个体，相互之间都能和睦相处，互助互爱。那么，动物是怎样识别亲属的呢？

气味是身份证

科学家通过实验证明，有些动物是通过气味来分辨亲缘关系的。

美国蛤蟆卵孵化出的蝌蚪，似乎能通过气味识别素昧平生的"兄弟姐妹"，它们情愿与"亲兄弟姐妹"集群游泳，而不愿与无血缘关系的伙伴为伍。科学家将一只蛤蟆同一次产的卵孵出的蝌蚪染成蓝色，另一只蛤蟆产的蝌蚪染成红色，一起放入实验室的水池中。开始它们混在一起，过不了多久，它们又自动分开，红色蝌蚪相聚在一起，蓝色蝌蚪相聚在另一处，泾渭分明，一点儿也不含糊。作为对照，科学家又做了一次实验，将蛤蟆同一次产下的卵孵出的蝌蚪一半染成红色，另一半染成蓝色，将它们放在一个水池中。这次它们并不按颜色分成两群，而是紧紧聚成一团。

蜜蜂是靠气味识别自己亲属的。蜂群里有专门的所谓"看门蜂"，由它控制进入蜂巢的蜜蜂。在一起出生的蜜蜂（一般都是同胞兄弟）可以通行无阻，但阻止其他地方出生的蜜蜂入巢。"看门蜂"的任务，是对进巢的蜜蜂进行审查，它以自己的气味为标准，相同的放行，不同的拒之门外。

蚂蚁也是以气味识别本家族成员的。蚁后给每只公蚁留下气味，有了蚁后亲自签发的"身份证"，才能自由出入蚁穴，否则要被咬死。

鱼类身上有识别性激素。鱼当了父母亲之后，体表常常会释放出一种被称之为"照料性激素"的化学物质，幼鱼嗅到后，便自动保持在一定的水域里生活，以利于亲鱼的照料和保护。如非洲鲫鱼，它的受精卵是在雌鱼口中孵化的，幼鱼从出世到自己独立生活之前，总是活动在雌鱼周围，一旦遇到敌害，雌鱼就把它们吸到口腔里。假若没有"照料性激素"，它们是绝不会有这种母子之情的。

鸣声辨别亲属

鸟类、蝙蝠等是靠声音辨别亲属的。

为了探索鸟类是怎样从鸣声识别亲缘关系的，鸟类学家海斯和他的学生研究了雌野鸭的孵卵过程。他们把微型麦克风安放在野鸭巢的底部，然后跟录音机相连。他们发现，孵卵的雌鸭在开始孵卵的第四个星期发出"嘎嘎"的较微弱的低声鸣叫，每声只持续 150 毫秒。这时，被孵化的卵里边发出"叽叽"声。起初，这些声音很小很小，随着时间推移，野鸭的鸣声越来越频繁，卵里的"叽叽"声也愈来愈高，随后小鸭就出壳了。在雏鸭出生后 2 小时，两种鸣声增加了 4 倍。雏鸭出生后的第 16～32 小时，雌鸭离巢游向水中，它发出急促的呼唤声，每分钟快达 40～60 次。于是小鸭纷纷出巢，跑向母亲。由此看来，雏鸭在卵内孵化的第 27 天起就开始听到母亲的声音，在这一过程里听觉起主要作用。雏鸭出壳后，视觉、听觉一起作用，使雏鸭进一步认识母亲。

燕鸥的巢筑在海滩上，巢与巢靠得很近，但燕鸥能根据叫声和外形识别自己的雏鸟，从不会搞错。

崖燕大群大群地在一起孵卵，峭壁上会同时挤满几千只葫芦状的鸟巢，密密麻麻地巢挨着巢。但用不着担心老崖燕会认错自己的子女。对它们来说，雏燕的叫声就是它们的识别标志。在常人听来，雏燕的叫声似乎是一样的，没啥区别。但如果仔细分析，可发现其中仍有细微的差别。实验证明，若向附近的空巢放送雏燕叫声的录音，老鸟每次都只向自己雏鸟的叫声飞去。当然识别是相互的，老鸟在听到雏鸟的叫声时，也会发出鸣叫，雏鸟听到后，会叫得更加起劲。

在美国西南地区一些岩洞里，栖息着 7000 万只无尾蝙蝠。它们的居住地如此拥挤，以至长期以来生物学家们推测，母蝙蝠喂奶时，不可能喂自己的亲生子女，而只是盲目地喂首先飞到自己身边的小蝙蝠。为了弄清这个问题，美国生物学家麦克拉肯和他的助手做了实验，他们从洞里密密麻麻的、正在喂奶的 800 万对蝙蝠中抓走 167 对，随后对每对蝙蝠的血液进行基因测定。结果发现，约有 81% 的母蝙蝠喂的正是自己的子女。麦克拉肯带着照明设备在山洞里又进行仔细的观察，他发现，母蝙蝠在喂奶前，先要发出呼唤的叫声，再根据小蝙蝠的回答来判断是否是自己的子女，还要进一步用鼻子嗅，在确认是自己的子女后才喂奶。

骗亲有其道理

生物界有认亲行为，也有骗亲行为存在。有的动物为了达到某种目的，采取了一些骗亲手法，杜鹃是这方面的行家里手了。

杜鹃在繁衍后代的时候不垒巢、不孵卵、不育雏，这些工作会由其他鸟来替它完成。春夏之交是雌杜鹃产卵的时期，它便选定画眉、苇莺、云雀、鲤鸟等的巢穴，利用自己的形状、羽色和猛禽鹰鹞相似的特点，从高远处疾飞而来，巢内的其他鸟以为大敌鹞鹰来犯，便仓皇出逃，杜鹃乘机便将卵产在这些鸟的巢内。由于长期自然选择的原因，杜鹃产的卵在大小、色泽、花纹方面和巢主产的卵相差甚微，因此不易被巢主发现。杜鹃的卵在巢内最先破壳成雏。小杜鹃的背上有块敏感区域，有东西碰上，它便会本能地加以排挤，所以巢主的卵和破壳的雏鸟便被它推出巢外。这样，小杜鹃可以独自占养父母采集来的食物了。小杜鹃慢慢长大了，老杜鹃一声呼唤，它便跟着远

走高飞。

长尾叶猴是一种温和的群居动物，群内成员会很好合作，很少发生争斗。一般由 1～3 只成年雄猴为头领，带领 25～30 只猴子。但如果有一只年轻的雄猴登上首领宝座，它会杀死老猴王留下的所有幼猴。有些科学家认为，新猴王杀死未断奶的幼猴，是为了更快地得到自己的子孙。因为哺乳动物在哺乳期一般不繁殖，杀死幼猴可促使母猴及早进入繁殖期，从而早日生育新首领的子女。因此，这种杀婴行为对于整个种群可能是一种生殖上的进步。这种观点叫"生殖优势"。

不过，母猴总是爱自己孩子的。如果有一只雌猴此时已怀孕，它为了保护腹中的胎儿，会随机应变地制造一幕生物学上的骗局：它假装已经发情，与新上台的猴王进行交配，使这位新首领以为将要降生的小猴真是它的亲生孩子，雌猴从而成功地救下了这条小生命。

一种生存适应

社会生物学家认为，"同缘相亲"是动物的一种本能，是一种生存适应。动物终究是动物，它的生存有一个目标，那就是传播自己的基因。如果崖燕不能认亲，就可能把辛辛苦苦找来的食物给别的幼鸟吃，而让自己的孩子饿肚子。新猴王要咬死老猴王的后代，因为这些小猴不会有它的基因。

恐龙为什么会灭绝

远在距今 2.25 亿年至 7000 万年前的中生代，地球是恐龙的世界，但后来恐龙又为什么灭绝呢？让人百思不得其解。

空中有飞龙和翼手龙。飞龙长着尖长的头颅，尖利的牙齿，身后还拖着一条长尾巴，它两翼展开时有 6 米多长。翼手龙已经逐渐进化了，头骨变轻，牙齿和尾巴已经退化或消失。它们都在海面飞行，捕食鱼类。

海洋里有鱼龙和蛇颈龙。鱼龙的外形有点像现代的海豚；蛇颈龙与鱼龙一样，但颈很长，牙齿尖利，最大的蛇颈龙约有 15 米长。它们是海洋的霸主，也是以捕鱼为生的。

在陆地、湖泊和沼泽地里有各种各样的恐龙。它们形状有的像鸵鸟，有的像乌龟，有的像袋鼠，最大的体重约 80 吨，比 16 头现代非洲大象还要重，最小的只有鸡那么大。它们有的吃植物，也有的吃别的恐龙或其他动物。

然而，遍及地球各个角落的恐龙，生活了约 1.3 亿年之后，竟然一个不剩地永远从地球上消失了，这是为什么呢？

英国一位名叫托尼·斯韦因的科学家认为：约在 1.2 亿年以前，最早的有花植物出现了。而在有花植物的组织内，常常含有作用强烈的生物碱，许多生物碱会对恐龙的生理产生不利影响，甚至有的生物碱，如泻花碱、马钱子碱等，具有很大的毒性，恐龙吞食了过量的生物碱毒素后，引起严重的生理失调，最后导致死亡。他还认为，在欧洲发现的身体纤细、脖子较长的妮骨龙，死亡后身躯发生扭曲，主要是由于吃了过量的马钱子碱所致。

美国的科学家霍利斯·塔克和加拿大的科学家戴尔·拉塞尔认为，一场飞来的横祸临近地球的超新星爆炸引起了恐龙的灭绝。他们解释说，超新星在爆炸时，相当于 10 个太阳集中在一起那样巨大的恒星爆炸，能释放出 10 万个 1000 万吨氢弹的能量。这些能量，使地球表面的20~80千米厚的上部大气层加温，因此地表上刮起大台风、下起强烈暴雨，而这些从地表卷起的高温空气在高处形成冰云，像屏幕一样遮住了太阳的辐射热，从而降低了整个地球的温度。这样，习惯于热带性气候的恐龙，统统被冻死了。

此外，还有各种各样的说法：有的认为，随着植物的进化，空气中的氧日益增加，加快了恐龙腹内食物的消化，而恐龙又没法获得大量食物，最终全部死亡；有的认为，由于大陆漂移，引起气候的剧烈变化，恐龙无法适应这一变化以致死亡；有的认为地球气温的变化，使性腺极为敏感的恐龙丧失生殖能力，导致了恐龙的灭绝。

有的认为，那时恐龙的生活环境发生了突然变化，严重的干燥气候和微量元素的污染，影响了蛋壳的正常发育，形成病态蛋壳结构，造成恐龙灭绝。

这些说法虽然都有一定的道理，但又存在着这样或那样的不足之处，恐龙究竟如何灭绝，随着科学的发展和人类不断的探究，会找到一个圆满的答案的。